U0330396

中國建築藝術全集編輯委員會 編

中國美術分類全集

中國建築藝術全集

24

建築裝修與裝飾

凡例

一　《中國建築藝術全集》共二四卷，按建築類別、年代和地區編排，力求全面展示中國古代建築藝術的成就。

二　本書為《中國建築藝術全集》第二四卷『建築裝修與裝飾』。

三　本書圖版按照中國古建築的總體形象、屋頂裝飾、檐下裝飾、門窗裝飾、室內裝飾、牆面及地面裝飾、臺基與石雕裝飾、建築小品裝飾的次序編排，詳盡展示了中國古建築裝修與裝飾藝術的傑出成就。

四　卷首載有論文《中國古代建築裝飾》，概要論述了中國古建築裝飾的起源與特徵、裝飾的內容、裝飾的表現手法、裝飾的傳統與風格。在其後的圖版部份精選了二四五幅各類古建築室內外裝修與裝飾照片。在最後的圖版說明中對每幅照片均做了簡要的說明。

目錄

圖版説明

中國古代建築裝飾

在世界建築發展史中，中國古代建築以其鮮明的特點而自成體系。這些特點主要表現在中國古代建築採用木構架為結構體系，創造了與木結構相適應的平面和外觀形式；中國古代建築多以單幢房屋組成院落和建築群體，從住宅、寺廟到宮殿莫不如此；中國古代建築具有多彩的藝術形象，從建築群組的空間形態、建築單體的整體外觀到建築各部位的造型以及色彩處理等各方面都創造和積累了豐富的經驗。

建築裝飾在這些特點的形成過程中起著重要的作用。中國古代藝匠利用木構架結構的特點創造出廡殿、歇山、懸山、硬山和單檐、重檐等不同形式的屋頂，又在屋頂上塑造出鴟吻、寶頂、走獸等奇特的藝術形象；他們又在形式單調的門窗上製造出千變萬化的窗格花紋式樣，在簡單的樑、枋、柱和石臺基上進行了巧妙的藝術加工；他們正是應用這些裝飾手段纔造成了中國古代建築富有特徵的外觀形象。古代藝匠應用磚、瓦、灰、石等材料的天然顏色，用琉璃、玻璃、油漆的不同色彩，採用對比、調和、穿插滲透等手法創造了中國古代建築具有鮮明特點的色彩環境；他們還善於將繪畫、雕刻、工藝美術的不同內容和工藝應用到建築裝飾裏，極大地加強了建築藝術的表現力。

建築裝飾使房屋軀體具有了藝術的外觀形象；建築裝飾使建築藝術具有了思想內涵的表現力；在中國古代建築藝術中，建築裝飾成為很重要的一個部份。

裝飾的起源與特徵

考古學家在北京周口店的北京猿人遺址中，不但發現了完整的頭蓋骨和殘骨，而且還

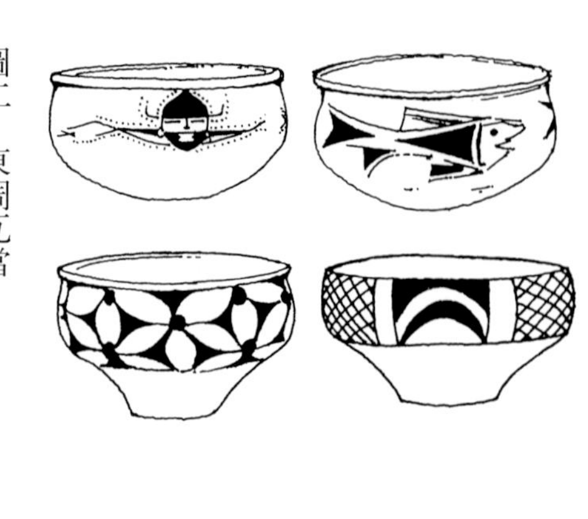

圖一　彩陶紋樣

圖二　東周瓦當

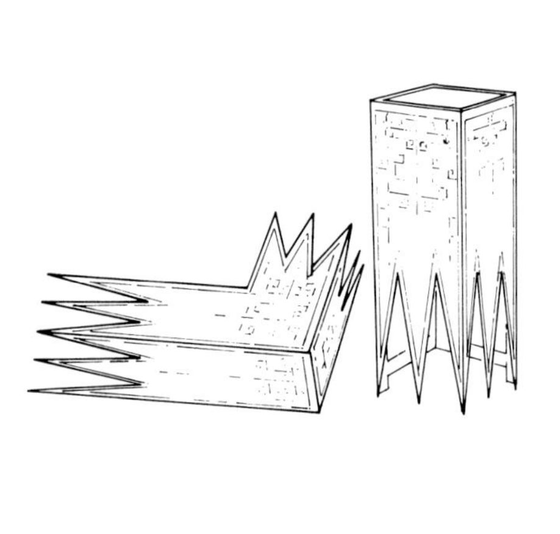

圖三　陝西鳳翔縣出土春秋時期金釭

有不少骨器、海蚶殼、蚌殼和大小不一的礫石。這些骨器、蚌殼有的被打磨得很光滑，有的礫石還是彩色的。白的、綠的礫石中間鑽有小孔，在穿孔上還發現有人工染上去的紅顏色。據考古學家分析，這些骨器、蚌殼、礫石很可能是串起來掛在猿人身上的一種裝飾品。北京猿人在歷史上被稱為是舊石器時代的山頂洞人，距今已經有五萬年的歷史了。人類發展到距今一萬年的新石器時代，生產工具有了進步。這個時期的不少石造工具，周身被打磨得十分光滑，石器口呈對稱的曲線形，而且很鋒利，它們已經具有了經過加工的比較完整的造型。隨著人類生活的安定和火的廣泛應用，在距今五千年的新石器時代後期，逐漸產生了陶器。在我國出土的這個時期的大量陶器中，可以看到在造型簡單的盆、碗、杯、罐上已經有了各種裝飾紋樣，人物、動物、植物和各種幾何形的花紋被繪製在陶器上，而且還應用了紅、黑、白幾種顏色，它們構成了著名的彩陶藝術（圖一）。無論是舊石器時代山頂洞人的裝飾品，還是新石器時代的石器和彩陶，都說明了人類通過勞動，不但創造了物質財富，同時也創造了精神財富，創造了美的造型、美的圖案，發展了對色彩的認識與應用，而且還在這個過程中，培養了人類自身的審美趣味和觀念。

建築首先作為一種物質財富，也和其他物質一樣，在人類創造的過程中，不但產生了物質的軀體，同時也必然產生了美的形象。如同人類製作石器、陶器一樣，在房屋的整體和房屋各種構件的製作中，人們都對它進行了程度不同的美的加工，裝飾就是這樣開始在建築上出現的。

我國早期建築，除了地下墳墓以外，地上幾乎沒有留下完整的遺物，可以見到的祇是些屋頂上的陶瓦和屋身上的金、石構件。陶瓦的製作很早，西周（公元前十一世紀至公元前八世紀），已經出現了板瓦與筒瓦，到東周，瓦的使用纔比較普遍，使我們今天能見到不少這個時期的瓦當和瓦釘。這些在屋檐上的筒瓦頭雖然面積不大，卻成了裝飾的好場所，上面刻塑著不同形式的花紋，它們是在製作泥坯時刻塑在瓦的表面上而後燒製成形的。古代文獻中很早就有『華榱璧璫』的描寫。璧璫是指瓦當裝飾得如同璧玉般美麗，可見瓦當裝飾效果的明顯（圖二）。陝西鳳翔縣公元前五世紀春秋時期秦都雍城出土的六十四件銅器（圖三），據考古學家論証，都是當時建築木構件上的箍套，用在橫豎木構件的連接部份，以加固木構件的銜接。它們在古代稱為『釭』，因為用金屬製成，所以又稱『金釭』。這些金釭表面有壓製的圖案，有的頂端還做成三角形的鋸齒形狀，這些都使金釭具有裝飾作

圖四　江蘇睢寧雙滿畫像石上建築

圖五　廣州出土漢代明器

用。

秦、漢時期留下的建築比以前要多一些，地上除大量的碎磚殘瓦外，還有了完整的墓闕，地下墓室保留著畫像磚、畫像石與明器。位於墓道最前面的墓闕是一種標誌性建築。漢代的高頤闕、瀋府君闕皆為石造，在闕身上都有雕刻裝飾。早期漢墓的墓室多用大型的磚、石砌築。這些磚石的表面上雕刻著大量裝飾性紋樣，有人物、動物、植物的形象，還有不少是建築物，所以這些磚、石除本身具有很強烈的裝飾效果外，它上面的房屋形象又提供了這個時期建築上的各種裝飾式樣（圖四）。墓室中的明器作為一種殉葬物，其中有不少是房屋模型，在一些塑製得比較精細的房屋明器上也表現出了當時建築各部位的裝飾形象（圖五）。在早期建築遺物很少的情況下，我們祇能從畫像磚、畫像石、明器等間接的實物資料中去觀察當時建築上的裝飾狀況。從房屋整體形象來看，屋頂已經有兩面坡的懸山，四面坡的廡殿和攢尖頂以及單檐和重檐等諸種式樣；房屋的大門上有獸面形的鋪首，有的還有獸形門神；窗格有直欞、正方格、斜方格的多種形式；有的牆面也帶有斜紋裝飾。從這裏可以看出，這個時期建築上的裝飾已經用得比較普遍了。

古代文獻對早期建築的記載與描繪也提供了建築裝飾的素材。秦始皇統一中國，在咸陽北阪上大建宮室，據《史記·秦始皇本記》記載：『咸陽之旁二百里，宮觀二百七十，復道甬道相連，帷帳鐘鼓美人充之……』。復道甬道相連的上百座宮殿必然組成造型豐富的總體形象；宮室內的帷帳，按古代禮制，室內外都有懸掛，它們雖不是建築的一個固定部份，但起到很重要的室內外裝飾作用，後代的壁畫可能是由此而發展得來的。秦始皇的陵墓更是搜盡天下『奇器珍怪，徙藏滿之』，建造得前所未有的豪侈。他的棺木『令採金石，冶銅錮其內，漆塗其外，被以珠玉，飾以翡翠』（《史記·項羽本記》）。在地下的棺木能以珠玉翡翠裝飾，地上宮室裝飾之華麗可想而知。漢高祖劉邦取得政權，在長安更大規模興建豪華宮室以鎮天下。據《三輔黃圖》記載：未央宮的前殿東西長有五十丈，深十五丈，高三十五丈，大殿『以木蘭為棻寮，文杏為櫟柱，金鋪玉户，華榱璧璫，雕楹玉碣，重軒鏤檻，青瑣丹墀，左碱右平，黃金為壁帶，間以和氏珍玉……』用名貴的木蘭、文杏作房屋的櫟、柱、榱、椽，用玉石作門户和碑碣，在柱子、欄杆上佈滿雕刻，並在牆上用黃金、珍寶玉石作裝飾，這座未央宮的瑰麗可以說達到了登峰造極的程度。古代文獻的描繪往往帶有渲染成份而不完全符合實際，但我們今天能見到秦始皇陵的兵馬俑，從其陣勢的壯威，以及近年來發掘的阿房宮遺址之大小，確為我們証實了當年宮殿、陵墓建築

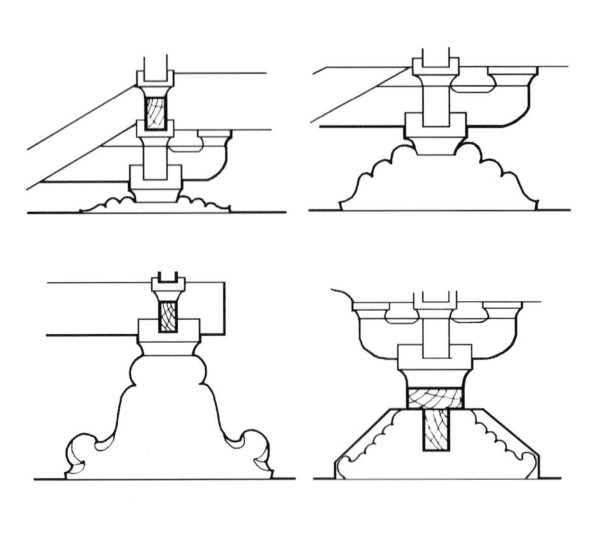

圖六　駝峰圖

上左：山西平遥鎮國寺
上右：山西榆次永壽寺
下左：河北正定隆興寺轉輪藏
下右：山西大同善化寺山門

圖七　古建築樑枋出頭裝飾

的宏大規模。秦、漢時期以及秦、漢以來留存下的大量手工藝品，從瑰麗的彩陶、漆器到製作精美的青銅器、玉器加上多彩的紡織品，它們的存在説明了無論在造型、色彩和工藝上，古代工匠都已經掌握了十分精湛的技藝，已經達到了高超的水平。在進入奴隸社會和封建社會的中國，帝王掌握著高度權力，能夠使用大量人力與物力，在這種情況下，可以想像這些高超的技藝也會同樣使用在皇家建築上。所以有理由相信，那個時期的宮殿建築除了規模鉅大以外，在裝飾上也必然是相當華麗的。

人類最原始的居住建築是樹上的巢居和地下的穴居。隨著生產力的進步，住房逐漸從樹上和地下遷移到了地面，人們開始用木和泥土建造自己的房屋。人們在用雙手築造房屋的同時也創造了最初的建築裝飾，這種裝飾隨著建築的發展不斷地完善和豐富，人們也就在這個過程中培育和發展了自己的建築美感和建築藝術的觀念。

中國古代建築裝飾就其產生的經過和存在形式有些甚麼特點？觀察建築上各部位的裝飾，可以發現它們的產生，開始幾乎都是與建築物本身的構件相結合的，是對這些構件進行了美的加工而後形成的裝飾。

以木構架為結構體系的中國古建築，它們的柱、樑、枋、檁、椽等主要構件幾乎都是露明的，這些木構件在用原木製造的過程中大都進行了美的加工。柱子是呈上下兩頭略小的梭柱；橫樑加工成中央向上微起拱，整體富有彈性的月樑；樑上的短柱也做成柱頭收分，下端呈尖瓣形騎在樑上的瓜柱；短柱兩旁的托木做成彎曲的扶樑；上下樑枋之間的整木做成各種式樣的駝峰；屋檐下共撐出檐的斜木多加工成為各種獸形、几何形的撐栱和牛腿；連樑枋穿過柱子的出頭都加工為菊花頭、螞蚱頭、蕪葉頭等各種有趣的形式（圖六、圖七）。這些構件的加工都是在不損壞它們在建築上所起的結構作用的前提下，根據構件原有的形式而進行的，顯得自然妥貼而毫不勉強。

中國古建築屋頂是整座建築中很重要的部份，在屋頂上有許多有趣的裝飾。兩個屋面相交而成屋脊，為了使屋面交接穩妥而且不致漏水，在脊上需要用磚、瓦封口。高出屋面的屋脊所形成的各種線腳就成了一種自然的裝飾。兩脊或三脊相交必然會產生一個集中的結點，對結點進行美化處理，做成動物、植物或者幾何形體就成了各種式樣的鴟吻和寶頂。屋面用瓦鋪砌，由下到上，板瓦一層壓一層，筒瓦一個套一個。為了使瓦穩定在有坡度的屋面上，必須用鐵釘將最下面的筒瓦釘在屋檐上。而為了防止釘孔漏水腐蝕下面的木結構，又必須在釘頭上套上琉璃或瓦作的小帽，這就是排列在檐口瓦面上的一連串帽釘。

圖八　北京宮殿建築走獸、瓦當

圖九　石柱礎

在垂脊、戧脊上的這種帽釘後來被加以裝飾即成為常見的走獸。而處於檐口的筒瓦、板瓦頭因為地處顯要，在這些瓦當和滴水上都加以雕刻裝飾（圖八）。

古建築的門窗是與人接觸最多的部位，在它們身上自然集中了多種裝飾處理。一座宮殿、寺廟的大門，門板上有成排的門釘，中央還有一對獸面啣著的門環，門框的橫木上有多角形或花瓣形的門簪，門框下面的石頭上有時還雕著獅子或者別的裝飾。這些看似附加的裝飾其實都與大門的構造有關。古代板門用木板左右相拼，後面加木串，用鐵釘將木板與橫串木相連，門上成排的圓釘就是這些鐵釘的釘頭；門上的鋪首是叩門和拉門的門環；門框上的門簪是固定連楹木與門框的木栓頭；門下的石礅是承受門下軸的基石，基石露在門外面的部份可加工為獅子或衹作簡單的線腳處理，或者雕成圓鼓形即常見的抱鼓石。

古建築的窗在沒有用玻璃之前，多用紙糊或安裝魚鱗片等以遮擋風雨和利於採光，因此需要較密的窗格。在對這種窗格加以美化的過程中就出現了迴紋、步步錦、各種動物、植物、人物組成的千姿百態的窗格花紋。為了保持整扇花框的方整不變形，如同現代門窗用角鐵加固一樣，古代用銅片釘在窗框的橫豎交接部份，在這些銅片上壓製花紋形成窗扇上極富裝飾性的看葉與角葉。

古代將重要建築放在高臺基上以增加它們的氣勢，故有『高臺榭，美宮室』之稱。這類臺的外表多用磚石砌築，它們往往做成須彌座的形式。在臺基四周多有欄杆相圍，欄杆有欄板、望柱和望柱下的排水口，經過加工後，欄板和望柱上附加了浮雕裝飾。望柱柱頭做成各種動、植物或幾何形體形狀，排水口雕成動物形的螭頭，使整座臺基顯得有生氣而不笨拙。

成排的木柱為了防潮防腐，柱腳下都墊有石柱礎。柱礎最接近人的視線，所以往往被加工成為各種藝術形象，從簡單的線腳、蓮花瓣到各種複雜的鼓形、獸形，由單層的雕飾到多層的立雕、透雕，式樣千變萬化，柱礎成了古代藝匠表現其技藝的場所（圖九）。

從古建築的屋頂、屋身到基座，從各部份的裝飾，無論是簡單的線腳加工還是複雜的動、植物形象的塑造，就其原來產生的過程來看，這些裝飾都衹是房屋各部位構件的加工，它們都不是憑空產生的，都不是硬加到建築上去的，不是離開建築構件而獨立存在的，它們衹是一種構件的外部形式，是一種經過藝術加工，能夠起到裝飾作用的建築構件。這是中國古建築裝飾所具有的根本性特點。

但是，建築裝飾的這種基本特點隨著時間的推移逐漸淡化了，古建築上不少裝飾構件

圖一〇　北京頤和園文昌閣板門裝飾

慢慢失去了它們原來的結構作用而變為純粹的、附加的裝飾了。

建築屋脊上的走獸原來是頂端筒瓦上帽釘的藝術形象，但後來垂脊、戧脊上不需要帽釘而走獸卻依然存在而且不止一隻地排列在脊上組成為走獸系列；在一些地方寺廟上，這種走獸竟然爬到屋頂的正脊上，甚至於出現在屋面上。屋檐的挑出已經發展到不需要斜木的支撐，但原來由斜木加工成的各種式樣的牛腿、撐栱依然排列在屋檐下起著裝飾的作用。横樑、立柱的交接部位原來的替木是為了減小樑的跨度，減少剪力的一種構件，經加工而成為雀替，後來這種替木逐漸失去了結構功能而變成為附加在柱子上端的兩塊裝飾木。宮殿大門隨著木工技術的進步已經不需要鐵釘加固，但原來的釘頭卻依然留在板門上，成排的門釘成了一種失去結構作用的裝飾；後來為了省工省料，突出的門釘簡化成了用金色畫在紅門上的圓點，連門中央的獸面門環也變成了平面的畫像，純粹成為一種圖案裝飾（圖一〇）。

在古建築裝飾裏還可以找到不少這樣的現象，這説明，建築上的構件一旦經過加工成了裝飾，它們的作用除了原有結構的功能以外，同時還具有了在造型藝術上的功能。這種藝術功能依附在各種裝飾構件的形體上，但是它們能夠獨立地起作用，與這些構件是否有結構作用並沒有必然的聯係。即使這些構件失去了結構作用，它們所具有的裝飾作用也不會因此而消失。在一個構件上，裝飾作用的滯留時間遠比結構作用要長，我們可以將這種現象稱為裝飾的惰性或滯後性。

裝飾的這種惰性表現在古代的磚、石結構上更為明顯。在建築群中作為入口標誌的牌樓，因為木結構受日曬雨淋容易損壞，因而出現了許多石牌樓和琉璃牌樓。建築臺基四周的欄杆早期多為木構，也因為易受損壞而改為石欄杆。無論在牌樓還是在欄杆上，都可以發現它們仍維持著原來木結構的形式。石牌樓用立柱頂著横樑，樑面上刻出彩畫的圖案，樑上安置成排斗栱，上面支撐著屋頂，屋頂上仰瓦、筒瓦、鴟吻、小獸一應俱全。石欄杆的欄板雖由一整塊石板雕成，但仍在石面上刻出扶手、間柱、華板等原來木欄板的式樣。在這裏，牌樓上的石屋頂、石瓦石獸，欄杆上的扶手、間柱都已經失去結構上的意義。如果説石牌樓上的立柱、横樑還有結構作用的話，那麼在琉璃牌樓上的樑、柱則根本不具備這種意義了。所以在這些磚、石建築上，不但原來就有裝飾作用的吻、獸、彩畫成了純粹的裝飾物，連原來在木建築上的結構構件樑、柱、斗栱、瓦、欄杆扶手都失去了它們的結構作用而成為一種附加的裝飾品了。

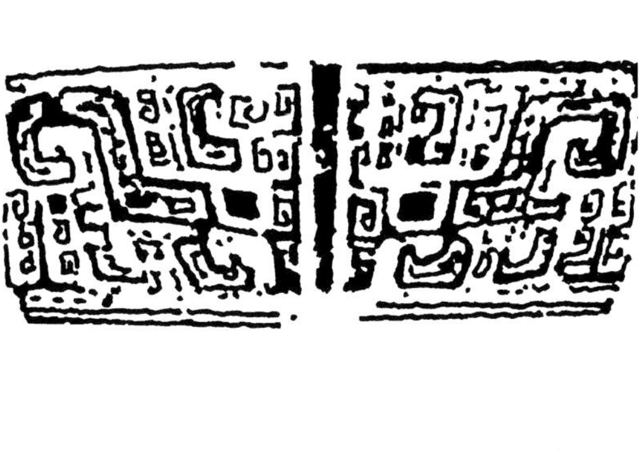

圖一一　戰國青銅器上饕餮紋

在建築發展史上，當一種新的建築材料代替了舊材料，往往開始仍不免要採用舊材料的結構形式以及附屬在上面的裝飾式樣。祇有經過相當長的時間，這種新材料方能尋找到符合自身特徵的新結構形式並產生新的裝飾式樣。建築在外表形式上的這種惰性在中外建築史上普遍存在。所以，作為建築上的裝飾，它們的滯後性自然會表現得更加明顯，建築裝飾失去其在開始產生時的特性，發展成為一種獨立的裝飾出現在建築上，這種現象是不可避免的。

裝飾的內容

在我國古代留下的大量工藝品中，可以看到當時在這些器物上表現的許多裝飾內容。人類生活在原始社會時期時，生產力十分低下。《庄子·盤柘》中說：『與麋鹿共處，耕而食，織而衣，無有相害之心』，這說明當時還是沒有剝削的原始社會，但人類已經進化到能夠不以禽獸肉為主食而能夠種莊稼吃糧食了，身上可以不完全用獸皮而有人工織物蔽體了。反映在這一時期的陶器裝飾中就出現了魚、鳥、蛙等動物和松、蘆葦、瓜等植物形象，陶器上大量幾何紋的出現說明了人類思維能力的進步，這些來源於雲、水、山等自然現象和自然界的動植物形象，經過人類觀察、概括、提煉、簡化而成為各種形式的抽象幾何紋樣，說明人類已經掌握了由具象到抽象的思維和表現能力，這種抽象能力對於藝術形象的創造具有十分重要的意義。

春秋、戰國時期的青銅藝術是我國古代的一個藝術高峰，反映這個藝術成就的是青銅製作的禮器銅鼎。銅鼎上的裝飾紋樣，出現得最多和最具有代表性的就是饕餮紋（圖一一）。饕餮具有獸頭的形象，它寬面大眼，頭上有雙角，似牛非牛，似虎非虎，這是一種人類創造出來的綜合了數種動物形象的神獸，一種供人祀拜的圖騰。它形象猙獰而怪誕，反映了那個戰爭連綿的野蠻時代，象徵著一種強大的威懾力量。無論是彩陶上的動、植物花紋還是青銅器上的饕餮紋，它們的出現都說明了一個時代在器物上的裝飾內容總是反映了那個時代人類的物質生活和思想意識，工藝品的裝飾內容是這樣，建築裝飾的內容也是如此。

屋頂上幾條脊交匯的結點，經過美化而成為裝飾，這些最初的結點逐漸變成了鴟尾和鴟吻的形象。中國古代木結構的建築很容易受雷擊而遭火災。歷史上許多重要宮殿、寺廟都因此而付之一炬。古代對這種雷擊現象還缺乏科學認識，更無法提出防雷擊的科學辦法，在這種情況下，祇能求助於巫術迷信，於是出現了『漢以宮室多災，術者言，天上有魚尾星，為其形，冠於室以禳之』（《墨客揮犀》），『漢柏梁殿災，或曰海中有虬尾，似鴟，激浪即降雨，當作此像於殿堂上以壓災』（《唐會要藏》）的現象。古代術士之所以提出這種辦法，與當時整個社會思想和時興的禮祀制度有關，反映了人類對自然現象的無知和人們主觀的願望。因此屋頂最高處的結點被做成似鴟的虬尾，在一些畫像石和明器及地方民間建築上還可以見到這種早期的鴟尾形象，頭在下尾朝上，嘴含屋脊作吐水激浪狀。這種鴟尾經過歷代工匠的再創造和社會思想的演化逐漸變為後期的鴟吻形，長久地保留在屋頂正脊的兩端。

建築大門上成排的門釘既是板門結構的一部份，又是一種門上的裝飾，這種門釘後來也被賦予了社會意義。在中國專制社會中，皇帝、王公、百官、士庶的建築本來在規模大小，裝修的講究上就有高低之分，建築的大門自然也應該有大小之別，於是門上的釘頭數也隨之有數量多少的不同。在等級制度十分森嚴的中國古代社會，逐漸將這種門上釘頭的多少也視為區分建築等級的一種標誌。凡皇宮內的大門，門釘按橫九排，豎九個共八十一枚為定數，王府、百官房屋大門上的門釘數依次減為七排七個、五排五個……。除門釘數外，在大門的顏色、門環的材料上也都有區分等級的規定。據明史記載，親王府正門以丹漆金塗銅環，公王府門綠油銅環，公侯門綠油錫環，一二品官門綠油錫環，三至五品官門黑油錫環，六到九品官門黑油鐵環。從中大體可以看到，從皇帝的宮殿大門到九品官的府門，依次為紅漆金釘銅環，綠漆金釘錫環，黑漆錫環，黑漆鐵環；從色彩上區分為紅、綠、黑，從門環上區分為銅、錫、鐵，由高到低，等級分明。一副簡單的板門都記載著專制社會的等級制度，社會思想反映到建築裝飾中如此明顯。

中國古代社會生產力的發展相對比較緩慢，因而古代建築在結構形式、個體形象以及群體組合上都在一個相當長的時期內保持著比較穩定的狀態，所以反映在建築裝飾的形式和內容上也都出現了前後比較相同，變化不很明顯的現象，可以找出許多經常使用，經久而不變的題材內容。

一、動物裝飾內容

圖一二　漢代畫像石上虎

在建築裝飾中，用動物作為主題的相當多。秦、漢時期的瓦當、墓磚、基石上出現的動物形象有山林中的虎、馬、鹿，水中的龜、魚，天上的鳥、鶴以及屬於神獸類的麒麟、鳳凰等。隨著建築的發展和裝飾的增多，動物形象也越多地在裝飾裏出現，常見的有以下幾種。

（一）龍、虎、鳳、龜：古代稱它們為四神獸或四靈獸。

龍作為中華民族的圖騰，在歷史上出現得很早。關於龍的起源，儘管學術界有諸家論説，目前很難取得一致，但他們的共識是：我們現在所見到的龍的形象已經不是現在物質世界中的某種生物，而是古代人類的一種神話意象，一種全民族認同的圖騰表記。它的形象是多種動物的綜合體，它代表了中華民族先人們所崇敬的神物。龍的形象作為一種裝飾很早就出現在工藝品上，內蒙古三星他拉地區發現的玉龍是距今五千年前的遺物；陝西半坡出土的彩陶（約六千年以前）上也有龍的形象；其後在戰國時期的青銅器上，龍的形象應用得更多。在建築裝飾中，據現有實物考証，早在戰國時期的瓦當上已經有了龍紋。漢高祖劉邦取得政權後，自認為出身低微，設法論証自身為龍的後代，自稱為龍子，自漢以後，歷代帝王皆以真龍天子自居。於是在皇帝使用的宮殿房屋上，穿戴的衣帽、應用的器具、觀賞的工藝品上都出現了龍，龍成了封建皇帝的代表，龍的形象成了君主的象徵，它們開始大量地出現在宮殿建築的裝飾裏。在北京紫禁城和瀋陽故宮裏，從前朝大殿到後院寢宮，從宮室到園林，從臺基到屋頂，在各個部位的裝飾裏都佈滿了龍的形象。紫禁城的太和殿，室外臺基的欄杆上有成排的石雕龍，臺階的御道上有九龍戲珠，殿身的門窗上佈滿了木雕龍，殿內立柱上有金色的蟠龍圍繞著柱身，樑架上的彩畫裏繪有行龍和昇龍、降龍，天花、藻井裏有端坐的團形龍和口啣寶珠的盤龍，殿中央帝王的寶座、御椅、屏風上充滿著龍的裝飾。據統計，一座太和殿的上下裏外，裝飾著一萬二千多條各種形象的龍，真可謂是龍的世界。在宮殿建築裝飾裏，龍佔據著統治的地位。

虎為山林中猛獸，中國自古就有虎的蹤跡，所以人們對它的認識較早，虎的形象很早就出現在畫像石上（圖一二）。因為虎性凶猛，所以常將它刻畫在大門上當門神。古代用虎形做成『虎符』象徵著帝王的兵權，英勇善戰的將士被稱作虎將。在民間，也將虎作為力量的象徵，喜歡用它的形象作各種用品的裝飾，以虎取名以示吉利。

鳳即鳳凰，是一種傳説中的鳥類，雄為鳳，雌為凰。自古以來，鳳凰被人們當作一種瑞鳥，帶有吉祥之意，在建築門窗上的木雕、磚雕裏常可看到它的形象。

圖一三　北京故宮太和殿前銅龜

圖一四　四川灌縣青城山寺廟柱礎

圖一五　北京頤和園銅麒麟

龜是一種水生動物，故又稱水龜。龜壽命長，耐飢渴，所以又能離水在陸上活動，正因為龜有這些特點，因此常用作裝飾題材。紫禁城太和殿前有兩隻銅龜作擺設，象徵著國家江山長治久安；龜大多用在石碑下作碑座，以其堅硬之甲背馱著沉重的石碑，並取名為贔屭；龜甲上的六邊形紋還被用作大片建設裝飾的底紋，名為龜甲紋（圖一三）。

（二）獅子：在動物紋樣的裝飾裏，除龍以外，獅子所佔位置堪稱第一。獅子以凶猛著稱，被稱為獸中之王，獅子也正以其特性而經常被用在建築的裝飾裏。它的表現形式有兩方面：其一是常用於建築群之前，以其獨立的形象列於大門之兩側，作為守護神以增添建築的氣勢。從北京皇城入口天安門到紫禁城前朝入口太和門，後寢入口乾清門；從皇陵的陵門，寺廟、祠堂的大門到王公、大臣的住宅入口，門的左右兩邊幾乎都立有石雕或銅鑄的獅子，左為足蹬繡球的雄獅，右為腳按幼獅的母獅，這種佈置已經成為固定的格式。這類獅子雕像不是附在建築上的裝飾，而是以獨立的形體立於建築群中，在整體環境中起著裝飾作用。其二是直接被用在建築的裝飾裏。在石欄杆的望柱頭上雕刻著各種形態的獅子；在石牌樓、木牌樓的基座兩邊用石獅子作護衛；在牌樓基座的面上雕著雙獅戲繡球或者獅子的群像；殿堂的柱礎上用立雕石獅子承托著立柱；在建築的木樑架上，在檐下的撐栱、牛腿上都有形象各異的獅子形象（圖一四），獅子已經成為建築裝飾中常用的題材內容。

（三）麒麟：它是一種由多種獸形復合而成的神獸。它有時取代虎的位置成為四靈獸之一，有時連虎在內，與龍、鳳、龜一起合稱為五靈獸。麒麟與獅子一樣，它經常被用在宮殿前當作一種陳列的裝飾品象徵著吉祥與瑞利（圖一五）。它的形象通體有鱗，身子、腳爪都近似龍，但頭上有角，仍為四足立獸。在雲南西雙版納地區的佛寺中，有用麒麟像立在殿堂和佛塔前，左右並列作守護神的，因其形象似龍又似獅，當地稱之為怪獸（圖一六）。麒麟有時也被用在建築物上的裝飾裏，在石牌樓上常見有它的形象。

（四）鹿、鶴、鴛鴦等：鹿為山林中獸，四肢細長，雄者稱牡鹿，頭上長有樹枝狀角，初生之角稱鹿茸，是一種對人體有大補的名貴藥材。鹿性温順，對人體又有大用，所以帶角的牡鹿也成為建築上的裝飾題材，人們也鑄銅鹿作為獨立的裝飾品陳列在宮室之前供人觀賞（圖一七）。

鶴為鳥類，色多淺白，腿高嘴尖，脖子細長，如頭頂上帶有紅羽毛則屬名貴的丹頂鶴類。鶴齡可達數十年，故古代將鶴當作一種長壽仙禽，所以後來鶴壽、鶴齡成了祝人長壽

圖一六　雲南景洪寺廟前怪獸

圖一七　北京故宮內銅鹿

圖一八　北京故宮內銅鶴

圖一九　雲南景洪住宅上孔雀裝飾

的頌詞。裝飾中用鶴不僅取其長壽意而且也愛其造型之美，細腿長頸，亭亭玉立。紫禁城太和殿前就立有兩隻銅仙鶴作為裝飾擺設，並且將鶴身掏空，在裏面可以燃點香木，鶴口吐香煙，增添了大殿舉行朝禮時的神聖氣氛（圖一八）。

鴛鴦亦為鳥類，雄為鴛，雌為鴦，羽色雄者較絢麗，雌者背多呈茶褐色。鴛鴦雌雄偶居從不分離，所以自古以來常以鴛鴦比喻夫妻恩愛情，而且此種寓意擴大到凡成雙成對皆稱之為鴛鴦。『文綠雙鴛鴦，裁為合歡被』，新婚用被稱為鴛鴦被；一蒂結雙梅，黃白花對開的花草名之為鴛鴦梅、鴛鴦草；連房屋頂上成對的瓦亦稱為鴛鴦瓦。紫禁城西路養心殿、東路養性殿皆為帝后寢宮，在兩處宮室前琉璃影壁的中心皆有鴛鴦與蓮荷組成的圖案裝飾，綠色荷葉，黃色荷花，碧水上遊弋著一對白色鴛鴦，前後相互呼應，一牡一牝形影不離，此種裝飾內容自然與寢宮相符。

孔雀亦為禽鳥的一種，以其羽美著稱，尤其在其歡愉時張開雙翅，呈現出一幅五彩絢麗的屏障，稱『孔雀開屏』。素有孔雀之鄉之稱的雲南西雙版納多喜將開屏的孔雀形象放在寺廟、民居的山花板上作裝飾（圖一九）。

除此以外，還有喜鵲和雁等鳥類，其形皆小巧玲瓏，鳴聲悅耳，討人喜愛。它們的形

圖二〇　山西長子縣佛寺佛座蓮花裝飾

圖二一　敦煌石窟蓮花裝飾

象也常見於建築上的木雕、磚雕裝飾中。

二、植物裝飾內容

在建築裝飾中，植物題材要比動物題材豐富得多，這是因為人類認識的植物種類比動物多，而且對植物形體的掌握也比動物要容易。因此植物裝飾的題材顯得異常豐富，松、柏、桃、李、柳、竹、梅、菊、蘭、荷，樹木花卉不計其數。

（一）蓮，又稱荷，其花古稱菡萏，俗稱荷花，其果實為蓮子，其根為藕。蓮在建築裝飾中用得最為廣泛，房屋的臺基、須彌座、門券石、柱礎石上都常見蓮瓣雕飾。尤其在佛教建築上，佛像的基座、後屏、佛塔與經幢，從它們的底座、腰檐到塔刹，幾乎離不開蓮荷裝飾。

據已有實物資料証明，蓮荷的圖案最早出現在春秋時的立鶴方壺上，在壺頸部有兩層蓮荷瓣裝飾；在戰國時期的彩陶表面也見到有蓮荷紋樣。這說明我國古代對蓮荷的認識很早，遠在佛教傳入中國之前已經將蓮荷作為裝飾題材了。

明代藥學家李時珍在《本草綱目》中對蓮作過全面的描述：『蓮，產於淤泥，而不為泥染；居於水中而不為水沒。根、莖、花、實幾品難同，清淨濟用，群美兼得……米藕生卑污而潔白自若，質柔而穿堅，居下而有節，孔竅玲瓏，絲綸內隱……』在這裏，李時珍對蓮荷各部份都作了細緻的形象描繪，肯定了它們的醫藥價值和食用價值，同時又道明了蓮在生態中所包含的精神價值。生於卑污而潔白自若，質柔而穿堅，居下而仍有節，這其中蘊涵著頗多深刻的人生哲理，正因為如此，蓮纔能在建築裝飾中常用不衰。

佛教的創始人釋迦牟尼的家鄉也產蓮荷，開有青、黃、紅、白諸色花朵。蓮的生態特徵產於淤泥而不為泥染，居於水中而不為水沒，正與人生於凡世而不為世俗慾念而所動，潔身自好以求靈魂淨化的佛教教義相符合。蓮荷的『薏藏生意，藕復萌芽，輾轉生生，造化不息』也正與佛教的今世所積，來生報應，人口輾轉生生的人生觀相諆合。因此佛徒看中蓮荷，並選取白色荷花的蓮為喻，認為彌陀之淨土以蓮花為所居，抱佛國淨土稱為『蓮荷藏世界』，佛經稱為『蓮經』，佛座稱『蓮臺』，袈裟稱『蓮花衣』，給予蓮花以神聖的意義。以致在佛教建築上，佛的塑像、器物上都充滿了蓮荷的裝飾，蓮荷圖案成了佛教藝術的一種標誌（圖二〇、圖二一）。

圖二二　宮殿建築磚雕蘭花裝飾

圖二三　江蘇蘇州羅漢院石柱礎

（二）　松、竹、梅：這是在中國古代繪畫中常見的樹木花卉。在自然屬性中，松木剛勁而挺拔，臘梅盛開於凌寒，翠竹桿直而心虛，三者皆處嚴寒而不謝，所以被稱為歲寒三友，為花木中高士，並以此比喻人品之剛直與高潔。尤其竹子自古以來更受到文人偏愛，唐代白居易曾對他摯友元稹說：『曾將秋竹竿，比君孤且直』（《酬元九對新栽竹有懷見寄》詩）『水能性淡為吾友，竹解心虛即吾師』（《池上竹下作》詩）；宋代蘇軾更喜竹如命，他曾言：『可使食無肉，不可居無竹，無肉令人瘦，無竹令人俗，人瘦尚可肥，俗士不可醫』（《於潛僧綠筠軒》詩）。所以歷史上纔出現了專擅畫竹的畫家，松、竹、梅也成了建築裝飾中常用的題材內容。

（三）　蘭與芝蘭：蘭花為多年生草本植物，一莖一花，如一莖多花者為蕙蘭。蘭葉色墨綠，花色純美，花開香氣清淡，因其形色幽麗，常用以比喻婦女幽靜高雅之品格，稱為『蘭心蕙性』。芝蘭為香草名，《孔子家語·在厄》稱：『且芝蘭生於深林，不以無人而不芳，君子修道立德，不謂窮困而改節』，所以芝蘭也成為一種高風亮節的象徵，後代將賢人所居之處稱為『芝蘭室』，在建築裝飾的木雕、磚石雕刻中可見到它們的形象（圖二二）。

（四）　牡丹：花名，唐代盛產於長安，宋代以後又以洛陽牡丹甲天下。牡丹花瓣豐碩，花朵密而成片，色彩絢麗，品美繁多，故有花王之稱，以其花形花色而象徵富貴與吉祥，它在裝飾的植物紋樣中佔有重要位置（圖二三）。

（五）　桃：桃為常見樹種，它的形象所以為建築裝飾所用，原因有二：其一是桃樹與驅鬼魔有關。漢代王充在《論衡·訂鬼》中講到古代滄海中有度朔山，山上植有大片桃林，林東北為鬼門，門上有神荼、鬱壘二神把守，專察明有惡害之鬼，將它們執以葦索，扔到桃林中餵虎食，所以後代在大門上畫桃林與神荼、鬱壘二神像，並懸葦索以作驅鬼之用。後人經過簡化，衹將桃木懸掛門上，連二神像都被免去。民間將此種桃木稱為『桃符』，每年新歲『總把新桃換舊符』，成了住宅大門上的一種裝飾。其二是古代傳説，國之東北有桃樹，高五十丈，葉長八尺，其果直徑有三尺二寸之大，食之可長壽，於是舊時祝人長壽多以米面作桃形食物以為賀禮，名為『壽桃』。桃樹結的果因為有了長壽的含義，被廣泛地用在建築裝飾裏。

三、文字裝飾內容

圖二四　文字瓦當

左：記名瓦當
中：記事瓦當
右：吉語瓦當

圖二五　萬（卍）字紋飾

左：浙江蘭溪祠堂門磚雕
右：北京故宮殿門木雕

文字裝飾並非指建築上匾額、楹聯上的題目和對聯，也不是指裝飾畫面中的題字，而是以文字本身為內容所組成的裝飾。這類裝飾性的文字一般具有兩個條件，一為文字所表達的意；二為文字所組成的形，形意結合而成為裝飾。這種文字裝飾大量出現在古代瓦當上，從現存秦、漢時期的瓦當看，屬於文字裝飾的為數不少。就其文字所表達的內容來區分，其中有專用以記載宮殿、官署、陵墓等建築名稱的，如瓦當上刻有甘林、棫宮、年宮、冢上、張是冢當、宗祠堂瓦等；也有紀事、記年的瓦當，如漢並天下、單于和親、永和六年壽昌萬萬歲等；還有很多瓦當為表示頌揚吉語的，如千秋萬世、永安、富貴、與天無極、與地相長、永保子孫、延年益壽等（圖二四）。從瓦當上的字數看，一字、二字、三字、四字的佔多數，五字以上乃至有十二字的佔少數。文字不論多少，刻塑在瓦當上都經過精心構圖，外圍多有一層或二層邊框，粗細相間，框內或分隔或不分隔，文字隨瓦形佈置，注意字體筆劃的起落運轉。有的在文字間還有幾何、如意等紋樣作裝飾，講求整體構圖的疏密變化。這類瓦當猶如一塊塊金石篆刻，極富裝飾韻味。從總體效果而言，瓦當文字以少為佳，因為瓦當畢竟體量小，數量又多，位於屋檐上衹可遠觀，不能近視，字數多不但製作複雜，亦失去應有的觀賞效果，所以像『維天降靈延元萬年天下康寧』這樣多達十二字的瓦當畢竟為數甚少。明、清以後，宮殿、寺廟上的瓦當裝飾多用龍紋、獸紋代替文字，在地方建築上偶爾還有用文字作裝飾的，但在構圖及製造上已經沒有早期宮室瓦當那麼精緻了。

在建築的木雕、磚石雕刻中，還有幾種是以文字作為裝飾內容的。常見的有卍（萬）字和壽字。卍本為梵文，不是文字，是佛教如來佛胸前的符號，表示吉祥幸福之意。唐慧苑《華嚴經義》中記道：『卍本非字，周長壽二年，權製此文，音之為萬，謂吉祥萬德之所集也。』卍既得萬字音，又有吉祥意，自然成為裝飾中的重要內容，而且不但用單個卍字，還在一個裝飾面上將卍字上下左右相聯，直至四邊還不結束，寓意為萬字不到頭（圖二五）。壽字與長壽相連，自然有吉祥意，亦為裝飾所喜用。但壽字筆劃多，不易表現，於是將它簡化為一『串』形圖案，保留了壽意又兼得形式之美，成了裝飾中的常用主題。也有將壽字的篆、隸等各種字體排行成片刻在木槅扇或磚、石牆面上成為一組裝飾畫面，既得壽字內涵，又頗具形象之美（圖二六、圖二七）。

四、幾何形紋樣裝飾內容

圖二六　北京故宮殿門上壽字裝飾

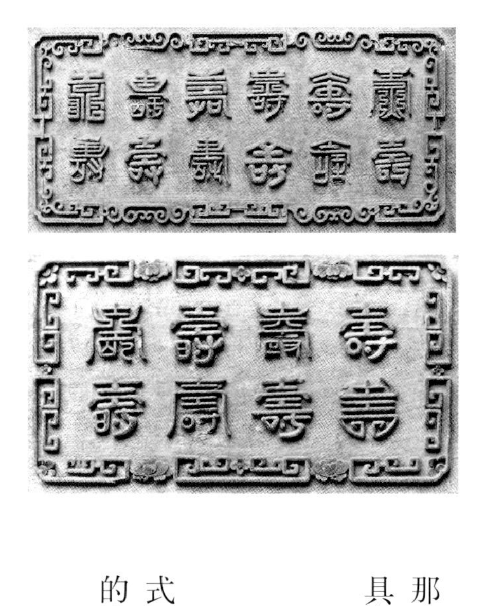

圖二七　江西婺源民居槅扇上壽字紋

幾何紋樣作為一種裝飾在我國早期陶器上就已大量出現，在以後的青銅器、漆器上也多有表現。幾何紋的產生源於人類對客觀事物的觀察，經過主觀的概括、提煉、抽象而成為各種幾何形的圖像。它與客觀世界的自然景象、動、植物諸種形象相比，具有以下的特點：第一，它不是物質世界某一種客觀景物的具體再現，而是一種失去具體景物形象的抽象圖形，雖然在幾何紋樣中可以看出有水浪紋、漩渦紋、迴形紋、雷紋等等的區別，但這裏的水紋、漩渦紋並非自然海河水浪和漩渦的直接寫照，而是經過抽象化了的一種圖案。第二，這類幾何紋在原始社會可能是一種帶有圖騰意義的標記，具有某一方面的象徵意義，但是今天人們已經不能認識其表達的思想內涵，所以就其美學價值來講，它們祇具有一種形式的美。它們可以因其形式的平和、流暢和有規律而給人們一種視覺上和心理上的歡悅，或者因其形式的跳動不定、無規律而使人們有不快之感，但不具有更深的具體的人文內容。建築裝飾中的幾何形紋飾多用於邊框裝飾或襯底裝飾，成條成片地出現，如用在須彌座、石碑的上下枋和邊框上，牆體、牌樓上大片磚、石雕刻的底部。與動、植物等裝飾內容相比，它們在建築裝飾中不佔主要位置。

裝飾的表現手法

中國古建築的裝飾既是由房屋構件經過加工而產生，同時又表現出一定的思想內涵，那麼在加工過程中，在塑造裝飾形象的過程中是通過甚麼手法去達到目的的，這些手法又具有哪些特點？

一、象徵與比擬

中國古建築裝飾，無論是建築的整體形象還是局部的構件，它們不僅注意外在的形式，而且也相當注重這些形式所包含的內容，注意裝飾所表達的思想內涵。這些思想內涵的表達經常採用的是象徵與比擬的手法。

在中國早期社會中，人們的許多思想與願望往往通過神話和宗教，採用象徵與比擬的手法來表現。自古傳説東海有神山，山上生長仙草仙藥，人食後長生不老，神山有三，即蓬萊、方丈與瀛洲。秦始皇欲當萬世之王，派人率童男童女入東海採仙藥，結果自然是一去不返，求仙不得，衹好在咸陽引渭水造長池，池中堆築蓬萊山，企求神仙降臨賜送仙藥。繼秦王後，漢武帝在長安建章宮內亦作太液池，池中堆造三仙山；唐朝長安的大明宮後苑也於池中堆築蓬萊。這種堆山求仙，對於企求長生的帝王來説衹能滿足他們的心理嚮往，因而衹有象徵的意義。但這種象徵做法卻一直延襲至後世。元、明兩朝在北京御園北海中有瓊華島；清朝在圓明園挖福海，海中築蓬島瑶臺；在修建清漪園擴大昆明湖時留出南湖島、治鏡閣和藻鑑堂三島。這表明歷代都繼承了這種神山求仙的傳統，可見這種象徵手法影響之大。

這種手法也擴大到人與自然界，人與物的關係上。兩千多年前的孔子就把人的品格與自然山水相聯係，他説：『知者樂水，仁者樂山』（《論語》），指出智者樂於治世，如流水之不知窮盡；仁者像自然的高山一樣，毅然不動而萬物滋生。所以在以後的人工造園中，堆山開池不僅創造了人工的自然山水環境，而且還被賦予了思想内涵，形成了『水令人性淡，石令人近古』的比擬和象徵意義。魏晉南北朝時期，各封建王國相互吞併，戰爭連綿不斷，仕人深感世事之無常，消極悲觀，逃避現實，老、莊學説因而興起，崇尚虛無，好談玄理成了仕族文人的時尚。他們隱逸江湖，遨遊於山水植物間，大自然成了文人寄託情思的環境，『採菊東籬下，悠然見南山』，陶淵明的《桃花源記》典型地反映了這一時期文人士大夫的生活追求與心態。山水詩畫的盛行更大大促進了人們對自然美的追求，客觀上也促進了人們對山水、植物的揣摩與描繪。人與自然更接近了，藉景抒情，託物寄興之風大為盛行，於是藉物以比擬人品、人格的做法更加得到了發展。就在這個過程中，人們對自然的觀察更加細緻，領悟得也更加深刻，他們通過觀察高山上的青松、山林中的翠竹、臘冬裏盛開的梅花，領悟出這些植物生態所包涵的人生哲理，於是松、竹、梅成了文人崇尚的歲寒三友，成了文人畫中常用的題材。松、竹、梅所具有的象徵意義在中華民族文化的連綿長河中起著長久的作用。

這種象徵與比擬的手法不僅常用於中國的詩、詞、書、畫中，同時也廣泛地用在建築裝飾裏。因為建築裝飾也和詩詞書畫一樣，都是要在有限的篇幅和畫面裏，通過較簡練的主題形象來表達一定的思想内涵，應用象徵與比擬自然是一種比較好的手法。這種手法表現在建築裝飾上，常用的有形象的比擬、色彩的比擬和數字的比擬等，它們有的表現得比較明顯，也有的比較隱晦。

（一）形象的比擬：建築是一種形象藝術，所以形象比擬在建築裝飾中應用得最廣泛。動物中龍屬於神獸，它代表皇帝，龍的形象成了帝王的象徵；獅子性凶猛為獸中之王，成了威武、力量的象徵；古代早期的陰陽五行學說將天上的天公與地上的五方地象相配聯，使龍、虎、鳳、龜不僅成了四靈獸，而且還成了代表世上東西南北四方的神獸。左青龍，右白虎，前朱雀，後玄武，使四靈獸帶上了更為神秘的色彩，它們成了建築裝飾中常用的主題。秦、漢時期用龍、虎、鳳、龜裝飾的瓦成了皇家宮殿專用的瓦；唐、宋、明、清四個朝代的皇城宮門也取名為朱雀門（南門），玄武門（北門），體現了古代『天人合一』的思想，這種象徵意義已經擴大應用到建築物的名稱和建築群的規劃上了。

植物形象的象徵意義也普遍地被用在建築裝飾裏。蓮荷在裝飾中的廣泛應用不僅因其形象之美，而更重要的是蓮荷所具有的思想內涵。在中國長期的專制皇權統治下，在混濁的世俗社會裏，人要出污泥而不染，身處低微仍保持氣節，堅韌不拔，遇難而進，這些都是善良人們所追求的品德；而蓮荷生於淤泥而潔白自若，質柔而能穿堅，居下而存節的這些生態特點正顯示了古代社會所倡導和崇揚的道德標準。松、竹、梅象徵著人品的高潔，牡丹象徵著高貴富麗，它們的形象都經常出現在建築的裝飾中。

在建築裝飾裏，不但採用單種動、植物的形象，而且還常常將動、植物的多種形象組合在一起，綜合地表現出更多的思想內涵。植物中的松樹、桃，動物中的鶴都有長壽的象徵意義，在裝飾中有將松樹與仙鶴組成畫面，寓意著『松鶴長壽』；把牡丹與桃放在一起，象徵著富貴長壽。這種組合有時刻在木槅扇的裙板上，排列成行，組成系列的裝飾畫面。

（二）諧音的比擬：在建築裝飾應用象徵手法中，經常藉助於主題名稱的同音字來表現一定的思想內容，例如獅與『事』，蓮與『連』、『年』，魚與『餘』。這種方法稱為『諧音的比擬』，這是伴隨中國語言文字而產生的一種特有現象。

獅子以其凶猛的性格特徵已經在裝飾中得到充分的應用，同時它又以『獅』與『事』的諧音組成了不少吉祥意義的題材。畫面中用兩隻獅子表示『事事如意』；獅子配以長綬帶則表示『好事不斷』；再加上錢紋則喻意『財事不斷』。魚是人類很早就認識的動物，在古代彩陶、玉器的裝飾中得到廣泛的應用。它的形象在建築裏也多有出現。魚所象徵的

圖二八　浙江蘭溪民居槅扇木雕：鯉魚跳龍門

內容，其一是它與龍有關係，魚龍共生水中，但龍為神獸，魚卻屬凡物。古代神話傳説二者之間有一道龍門相隔，魚衹有經過長期修煉才能躍過龍門而成神獸，所以纔有『鯉魚跳龍門』之説。它比擬著凡人如能昇入朝門則功成名就，福祿俱得，所以在建築木雕、磚雕中常見有魚跳龍門的題材（圖二八）。其二是魚屬卵生動物，每年産仔甚多，繁殖力強，這種現象在家族繁榮受到極端重視的中國古代確具有重要的象徵作用，在建築裝飾（出現魚産仔就能起到兒孫滿堂的象徵作用。其三是『魚』與『餘』的諧音，餘與欠相對立，含有多餘之意，多福多財多壽皆人之好求。正因為魚有多層象徵作用，所以成了裝飾中的常見主題。公雞的諧音既有『功』又有『吉』，所以它與牡丹組合表示『功名富貴』，石頭上立公雞，則象徵『寶上大吉』（圖二九）。

最具有諧音比擬效果的當屬蝙蝠。蝙蝠是一種哺乳類動物，頭尖身有翼，色灰暗，其貌不揚，又常年躲在黑暗中衹在夜間出來活動，其形其色皆不具裝飾效果，但它的形象卻常出現在建築裝飾中，這全歸功於其名與『福』諧音，所以，扇窗格上喜用蝙蝠作菱花，門板上用五隻蝙蝠圍著中央的壽字，名為『五福捧壽』。從帝王宮殿到農村民舍的裝飾裏幾乎都可以發現它的蹤跡，而且經過工匠的藝術加工，蝙蝠的形象還大大地被美化了。

植物中的蓮荷，既有『連』、『年』又有『和』、『合』的諧音。連有連續、連綿不斷，和有和諧、聚合、團圓之意，所以蓮荷葉下有游魚則喻意『連年有餘』，蓮與盒組合有『和合美好』之意。

除動、植物外，某些器物也同樣具有諧音內容。裝飾中常用的有盒、瓶，乃取『和』、『合』與『平』的諧音，瓶中插月季或四季花，有『四季平安』意；瓶中插麥穗，象徵著『歲歲平安』。

（三）色彩的比擬：中國古代建築的色彩，在建築造型中起著重要的作用。宮殿建築色彩的濃烈與鮮明，江南園林建築色彩的平和與淡雅，一些地方建筑色彩的喧雜與熱鬧都具有很強的表現力，所以色彩對建築來説也是一種裝飾。色彩的裝飾作用是依靠色彩本身對人視覺所造成的生理刺激與心理刺激而獲得的。鮮艷或暗淡的顏色因其不同的波長而對人的視覺神經造成不同強弱的刺激；不同的顏色或者顏色的組合會引起人們不同的聯想與心理反應，從而達到不同思想內涵的傳遞，這種聯想與心理反應就包含著各種色彩的比擬與象徵效果。

人類認識紅色很早，從燧人氏鑽木取火到火的普遍應用，使紅色的火與人們的生活産

圖二九　雲南昆明華亭寺槅扇木雕
左：寶上大吉
右：和合美好

生了緊密聯係。早晨初昇的紅色太陽象徵著黑夜的過去與一天光明的到來。儘管火與太陽也會給人類帶來災難，但總體説來，紅色的火，紅色的陽光畢竟給人以温暖、光明，使人熱血沸騰、興高采烈，所以在中國古代民俗活動中，紅色始終象徵著喜慶與歡樂。所以在建築上，宮殿的牆，宮室的門，成排的槅扇皆漆為紅色，象徵著吉祥與喜慶。古代人基於當時對天地宇宙的認識，提出天圓地方、天藍地黃之説，所以北京天壇祭天的建築皆為圓形，屋頂皆用藍色琉璃瓦；而地壇為方形，主要建築屋頂皆用黃色琉璃瓦。北京社稷壇，壇上鋪有五色土，左為藍色，右為白色，前為紅色，後為黑色，中央為黃色。壇外四面有圍牆，也用相應的藍、白、紅、黑四色琉璃鑲砌，象徵著四方地域。

（四）數字的比擬：數字作為裝飾的內容並非指具體數字在裝飾裏組成紋樣，而是指裝飾中某一主題的多少個數所表達的意義。數字的多少能表達思想內涵完全依靠數字所象徵的意義。中國古代的陰陽五行世界觀告訴人們：天地萬物皆分陰陽，人之男女，方位之上下前後，數字之單雙正負皆分為陰陽二類，二者之間既相對立又相聯係。在數字中單數為陽，偶數為陰；在人群中男性為陽，女性為陰，帝王也不例外；所以皇帝當為陽類而與單數同屬。單數中一、三、五、七、九，以九為最高，因此陽數中九當為帝王之象徵。所以在北京紫禁城可以發現太和殿、保和殿臺基中央皇帝專用的御道上雕著九條石龍。主要宮殿的四條戧脊上排列著九隻走獸。皇宮大門的紅色門板上，橫豎各九排九枚共有八一枚金色的門釘。皇極門前最大的影壁上用九條龍作裝飾，所以稱為『九龍壁』，而且在這座九龍壁的屋脊上有二乘九等於十八條行龍，影壁壁面用三十乘九等於二百七十塊不同的琉璃面磚拼合而成，如此等等。一座九龍壁或明或暗地包含著衆多九的數字，體現了皇帝宮殿最高等級的裝飾。

北京天壇是明、清兩朝皇帝祭天的重要禮制性建築，天壇除了在建築形象、色彩等方面應用了象徵手法外，在數字上也表現了明顯的比擬方法。皇帝舉行祭天典禮的圜丘，由三層圓形臺基組成，壇臺上層直徑一乘九等於九丈，中層直徑三乘五等於十五丈，下層直徑三乘七等於二十一丈，陽數中的一、三、五、七、九皆在其中了。圜丘上層的地面石，中央為一圓形石塊，四周皆用扇面石鋪砌。第一圈為九塊，第二圈為一八塊……直至最外面的第九圈有八一塊石面。三層壇臺周圍的欄杆，由上到下，上層有三六塊欄板，中層七二塊，下層一〇八塊，皆為九的倍數。三層壇臺上下皆設九步臺階。從這裏可以清楚地看到，祭天之壇，天為陽，所以處處用陽性的單數；皇帝祭天之壇，又必須用九數以表示陽

圖三〇　江蘇南京南唐墓表石柱虎形柱礎

圖三一　獸形瓦當：鳳、鹿、虎與雁

性之最高與最尊。北京北郊地壇建築所表現的數字當與天壇有別，因地屬陰，應用偶數表現，所以地壇祇有二層，壇面鋪石皆為雙數，上下臺階皆為八步。天壇中的祈年殿為皇帝祭祈天地以求豐收之處，圓形殿身，內外用三層立柱，內層四根大紅柱象徵著一年四季，中層十二根柱表示一年十二個月份，十二根外檐柱又象徵一日十二個時辰，中外加起來二十四根立柱喻意一年二四個節氣，農業與天時季節關係緊密，所以這裏所用數字多有季節的象徵意義。

但是，數字與形象、色彩相比，它的象徵作用比較間接和隱晦，它不如形象和色彩裝飾那樣具有視覺的直觀性，它的象徵比擬作用往往需要經過解讀纔能表達出來，否則很難使人們認識和理解。

二、形象的程式化與變異

裝飾藝術如果與繪畫、雕刻藝術相比，它們相同之處是同屬於可視的形象藝術，它們都通過具象或者抽象的形象來表達一定的內容；但不同之處是建築裝飾附屬於建築，成為建築整體的一部份，很少獨立存在，而且其外形還受制於構件的形式，它們常常被成片、成線地使用，因此建築裝飾中所用的主題形象往往連續地、重復地出現在建築上，這恰恰是繪畫、雕刻中十分禁忌的現象。所以，用在建築中的主題形象需要一種更為簡化的形態

圖三二　牡丹花紋（上）與蓮荷花紋（下）

與結構。在中國古代建築上的許多裝飾都說明，那些動物、植物、山水、器具的形象都被概括、簡化而且程式化了，都比它們原始的形態更為精煉了。

這種程式化的現象出現得很早，早期漢墓中畫像石上用線刻的虎形還較為寫實，但在當時柱礎上的石雕虎形象已經比真虎簡練得多。虎頭、虎身略呈方形，虎尾很長，盤繞著柱子，顯得十分有力度。南唐時期墓表石礎上也刻有兩隻老虎，它們首尾相接，彎曲著身子，環抱著石柱，造型簡練，但卻表現出了老虎凶猛、驃悍的特徵（圖三〇）。秦、漢時期大量瓦當上的動物形象也大大被程式化了，鹿、虎、龜、鳳都被簡化為二度空間的平面形態，但依然展示了它們各自的神態特徵（圖三一）。裝飾中植物花紋多用作建築上的邊飾，往往成片地出現，所以花卉植物的程式化表現得更為普遍。常用的蓮荷、牡丹在工匠長期的創作實踐中，它們的形象都已經有了定型的圖案樣式（圖三二）。裝飾中的器物也多以程式化的式樣出現。琴、棋、書、畫這個表現文人士大夫超脫凡俗生活的題材經常出現在住宅的磚門頭、木槅扇等裝修上，在這裏，簡化得祇用豎琴、棋盤、書函、畫卷來表現，而且在各地幾乎成了統一的定型（圖三三）。民間建築上常用八仙作裝飾，八仙的形象很複雜，很難在木雕、磚雕中表現，所以乾脆將八仙的形象免去而祇剩下張果老的道情筒、鍾離權的掌扇、曹國舅的尺板、藍采和的笛子、李鐵拐的葫蘆、韓湘子的花籃、何仙姑的蓮花和呂洞賓的寶劍八件器物，而且這八件器物在裝飾中的式樣也相當程式化了（圖三四）。

這種程式化的作法甚至還表現在沒有任何主題形象的線腳裝飾裏。古建築木柱子下面的石柱礎有的不用動、植物紋樣而祇用粗細相間的起伏線腳進行裝飾。在宋代《營造法式》的石作制度裏，特地把柱礎部份的線腳裝飾程式化到一定的格式。柱礎石上先用弧形的覆盆承托柱身，在覆盆與柱身之間又有一道很薄的盆唇作為過渡，各層線腳都規定了相應的尺寸大小，組成完整的柱礎石（圖三五）。

動物、植物的形象在建築裝飾裏被程式化為一種圖案，往往會變得呆板、單調而失去原有的生動性，這個缺陷在中國古建築的裝飾中由於應用了形象的變異手法而得到了改善。這種變異既表現在主題個體形象上，也表現在諸種主題組合的變異上。

獅子為野生動物，自有它的自然形象，但是在建築裝飾中的獅子形象卻被不同程度地變異了。作為獨立雕刻品在建築群中起裝飾作用的獅子，唐朝等早期的作品，其特點是不拘泥於獅子的原型形態，將獅子的頭部和四肢加以誇大而突出表現獅子凶猛威武的神態。

圖三三　浙江蘭溪民居槅扇木雕：琴、棋、書、畫

圖三四　暗八仙圖

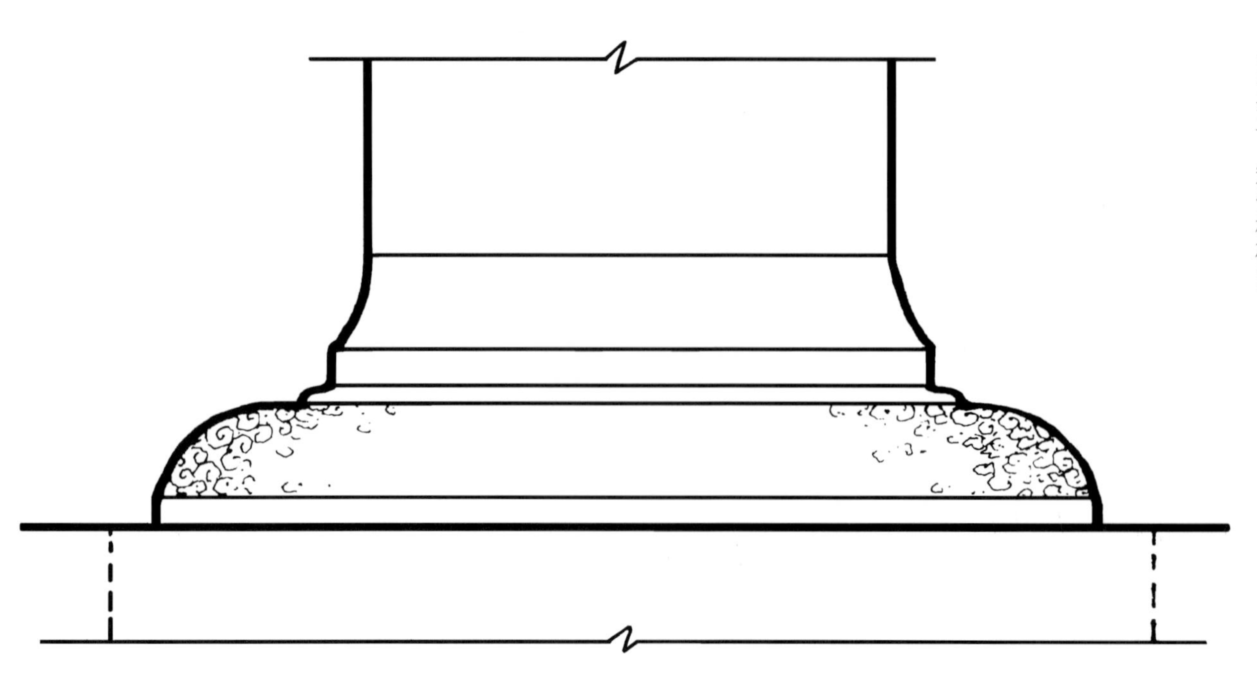

圖三五　宋代柱礎圖

圖三六　浙江杭州橋柱上石獅

圖三七　江蘇蘇州宅園門前石獅

圖三八　安徽歙縣許國牌坊基座上石雕獅像

明、清等晚期的作品特點是不強現獅子的凶猛而著意刻劃出民間遊藝中獅子的活潑、頑皮的特徵。這個時期散佈在各地寺廟、祠堂、園林、住宅門前的石頭獅子有的歪頭斜腦，有的四肢修長，懷抱幼獅和繡球或立或蹲，完全失去了野生獅子的威武特徵。在建築裝飾裏的獅子也隨著裝飾部位的不同和各種構圖的需要對獅子形象作了變異處理。在牌樓基座上的雙獅耍繡球，獅身扭曲作舞蹈狀。柱礎上的獅子跪伏著身子，基至讓柱子穿身而過（圖三六、圖三七）。這些獅子的變異特點往往表現在誇大獅子的頭部神態和四肢的動作上，『十斤獅子九斤頭，一雙眼睛一張口』，這是藝匠創作獅子的經驗總結。凶猛的野獅一經人工造型變異，變得性格活潑，千姿百態，因此纔產生了盧溝橋欄杆上的石獅子數不清的現象。安徽歙縣許國牌坊基座上的獅子雕刻分佈在基座的各個面上，在大小相同的數十個裝飾面裏，獅子居然能表現出神態各異的形象，它們已經超出了獅子的原型而趨向於龍和夔龍的體態了（圖三八）。

龍作為神獸，其體態雖無固定式樣，但自漢朝龍成了帝王的象徵以後，逐漸有了相對穩定的形象。但是在裝飾裏，隨著部位的不同，龍形還是作了多種形式的變異處理。在宮殿建築的和璽彩畫裏，在樑的枋心、箍頭、藻頭部位，龍體有行龍、昇龍、降龍之分；在井字天花和藻井裏又有坐龍與盤龍的區別；在九龍壁和御道上，九條龍更是各顯神態，扭曲飛騰於雲水之間。龍既代表著皇帝，自然被禁止用在仕官和百姓的建築上，但龍早在作

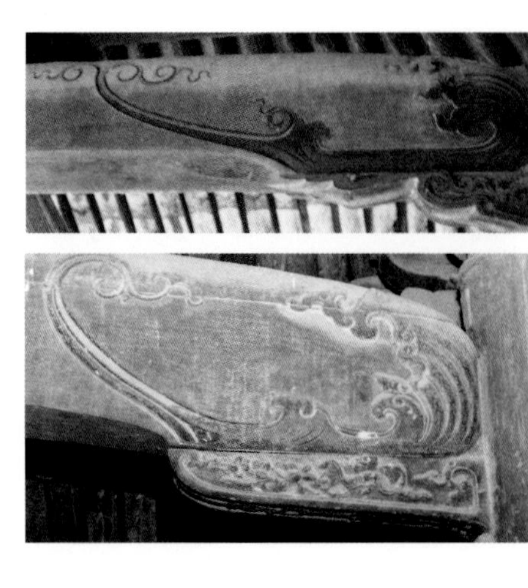
圖三九　浙江永嘉祠堂樑上龍紋

圖四〇　浙江蘭溪祠堂樑上龍形裝飾

為帝王的象徵之前已經是中華民族統一的圖騰標記了，作為龍的傳人的仕人百姓不顧朝廷禁令依然在逢年過節要舞龍燈，競划龍舟，在神州大地上傳播著龍的文化。在各地寺廟、祠堂乃至住宅建築上或明或暗地同樣應用著龍的裝飾，祇不過對龍的形象作了各種變異的處理。龍頭被簡化了，龍身不但被簡化而且還變成為植物的枝藤，或者幾何形的迴紋，前者稱『草龍』，後者稱『拐子龍』。它們仍保持著龍身原有的盤曲特點，祇是身上不帶鱗，身下不長足。在民間祠堂、住宅的樑枋上有時還能發現在樑身裝飾性的曲線上加刻龍頭而成為一條極生動的遊龍（圖三九、圖四〇）。這類拐子龍、草龍在民間建築的槅扇、雀替、牛腿上隨處可見，成為裝飾中很重要的一種紋樣。而且這種經過變異的龍紋也同樣出現在宮殿建築的裝飾裏，它們與正規龍的形象一起裝點著皇家建築。

這種變異手法也同樣表現在植物形象上。牡丹、蓮荷、芝蘭在建築裝飾裏，由於構圖需要，很多被組成為連續的條帶狀，它們的形象也往往比原形簡化。為了保持這些植物生動的自然形態和增強裝飾效果，在裝飾中也作了變異處理。蓮花瓣上加花飾成為寶裝蓮花；在連續的組合花紋中，可以根據構圖需要違反植物的自然生態，隨意安排它們的枝葉與花朵，枝上、葉上可以直接開花，花朵中又可以生出枝和葉；荷花、荷葉、藕根和蓮蓬可以同時組合在一個裝飾面裏；這些違背植物生態的現象反倒使裝飾富有生氣（圖四一）。

變異當然也表現在諸種主題的組合裝飾裏。變異的龍頭和變異的植物枝葉可以組合在一起成為動植物混合的裝飾紋樣。程式化的蓮荷與孩童形象組合在一起成了有佛教『化生』

圖四一　植物紋飾：西安唐碑側海石榴鳳紋

圖四二　江蘇蘇州羅漢院柱礎：化生牡丹

圖四三　江蘇蘇州網師園磚門頭磚雕

內容的裝飾（圖四二）。變異使程式化的形象變得生動，使建築裝飾也更加富有生氣。

三、裝飾中情節內容的表現

通過建築裝飾表現出一定的思想內涵，這種現象不但在宮殿、陵墓、寺廟等建築上表現得很突出，而且在一些地方祠堂、仕官、豪門、富商的住房建築上同樣也表現得十分明顯。他們不滿足於單從建築規模的大小上，建築色彩的絢麗上和所用材料的高貴上去反映自身的價值，而且還要求通過建築裝飾表達出主人的意志與追求。於是建築裝飾上單一或者復合主題所表達的內容已經不能達到這個目的，更多樣更複雜的主題組合開始在裝飾中出現。

中國古代的專制社會制度使廣大農村長期處於自然經濟的條件下，『漁、樵、耕、讀』成了農村百姓生活的理想與追求，儘管這種理想對絕大多數百姓來講根本不可能實現，但是它仍然成了農村社會的一種理想模式，因此在稍有經濟實力的農户住宅上多有這方面的反映。在這些建築的裝飾裏可以看到表現 漁、樵、耕、讀內容的雕刻，它們通過程式化了的典型形象，四位農夫，一人手持魚網，一人肩挑或手扶柴木，一人扶犁耕種，一人手持書本，組成兩幅或四幅畫面雕刻在主要的門、窗上，成為很顯著的裝飾。在更富有的住宅裏，在院內的門窗上除了有各種花格外，往往還有幾塊集中的木雕，雕刻著歷史戲曲的場面，成為這一部位最重要的裝飾。

福建泉州的楊阿苗宅和江蘇蘇州網師園都是富商、仕官的住屋，規模大，房屋用料講究，在木構架、磚石構件上都有雕刻裝飾，但主人還嫌不足以表達自己的勢力與追求，所以在建築主要部位特別設置了更為集中和顯著的組合雕刻裝飾。楊阿苗宅在大門內壁的石雕頂部，門廳側天井的牆上方，在廳堂裏扇的心板上都安置了繁雜的石雕與木雕，其中充滿了各種人物與亭臺樓閣建築，應用透雕手法組成了有情節的場面，成為這一部份的視覺中心。蘇州網師園主要廳堂前的大門上有一座磚門頭，在門頭的屋檐、斗栱、樑枋各部位已經佈滿了精細的磚雕裝飾，雕著獅子、蝙蝠、牡丹、梅花、竹子、蘭草等動植物紋樣，還有金錢紋穿插其間和卍字紋樣作底。這些具有象徵意義的紋飾已經足以表達主人的情趣了，但主人還在這座磚門頭的左右兩邊特別安置了兩塊戲曲場面的雕刻，用立雕、透雕手法將人物、建築器具組合在小舞台上，彷彿正對著廳堂裏的主人在鳴鑼唱戲（圖四三）。

廣州陳家祠堂是全廣東陳姓的合族祠，又是陳姓子弟讀書學習的書院。它前後三進，

圖四四　廣州陳家祠堂大廳屋脊

左右三路共有九座廳堂，規模宏大，尤以裝飾工藝之精細聞名國內。木雕、石雕、磚雕、陶塑、灰塑、壁畫等諸種裝飾分佈在各座建築的裏裏外外，上上下下，但其中最突出的是大型磚雕與陶塑。在祠堂正門外的東西牆上有六幅大型磚雕，最大的二幅寬四・八米，高二米。東牆正中一幅雕的是『劉慶服狼駒』的歷史故事，雕出了北宋劉慶降伏西夏烈馬『狼駒』的場面，共有四十多個神態各異的人物形象。西牆正中一幅雕的是《水滸傳》中梁山泊晁蓋、吳用、林沖等英雄好漢匯集於聚義廳的場面，衆多的人物與建築均佈畫面。磚雕均採用圓雕與高、低浮雕相結合，既有主題的戲劇場面，又有四周華麗的邊飾，處在正門兩側，具有強烈的裝飾效果。廳堂上的屋脊都用彩色陶塑組成不同題材的場面，其中以中央正廳的正脊最為精美，在長達二七米，連脊座高達四・二六米的脊背上，塑造出有『八仙賀壽』、『麻姑獻酒』、『加官進爵』、『麒麟送子』等傳統內容的故事情節，共出現有二二四個人物和亭臺樓閣不同建築的背景，間以花果植物的各種圖案，使屋脊成了一條空中的彩帶（圖四四）。陳家祠堂正是通過這些五彩繽紛的有各種情節性的裝飾表現出陳氏家族的興旺與榮華富貴。

皇家園林頤和園內有一條長達七二八米的遊廊，在這條長廊的彩畫裏也集中表現了這種情節性的裝飾。園林建築樑枋上的蘇式彩畫在構圖上提供了比較大的裝飾面積，頤和園長廊充份應用了彩畫中的包袱和枋心部位，繪製了古代《三國演義》、《水滸》、《西遊記》、《紅樓夢》等著名小說中的精彩片斷情節，繪製了自然山水與植物花卉。在二七三開間的一千多幅彩畫裏，幾乎没有完全重復的形象，一幅幅彩色繪畫使長廊變成了一條名符其實的畫廊（圖四五）。遊人漫步廊內，既能觀賞廊外的山水湖景，又能欣賞這歷史的長卷，陶冶於民族文化的海洋之中，這就是有情節的裝飾畫面所帶來的效果。在特定的環境裏，它比單一題材所表達的內容要豐富，所起的裝飾效果要顯得強烈而持久。

裝飾的傳統與風格

一、裝飾民族傳統的表現

中國古代建築在長期的發展中形成了特有的民族傳統，因此從總體來講，依附於建築上的裝飾藝術也必然呈現出同樣的民族傳統。如果沒有傳統木構架的結構體系，就不會出現柱、樑、枋、檁的藝術加工，不會出現梭柱、月樑、雀替、撐栱這樣的裝飾構件，不會產生槅扇、罩、天花、藻井這樣的藝術形式；如果沒有建築群體組織這樣的傳統特點，也就不會有伴隨著群體而產生的華表、石獅、影壁這一系列有裝飾特點的建築小品；正是這些在木結構上的，在牌樓、影壁上所特有的種種裝飾構成了具有中國傳統形式的裝飾系列。但是在中國古代建築裝飾上所體現的民族傳統還不僅僅表現在它們總體的形象上，還需要對這些裝飾在表現的內容、表現的手法、外在的形象特徵等諸方面進行深入考察，方能掌握住這種傳統的真正內涵，纔能揭示出這種傳統形式的前因後果。

圖四五　北京頤和園長廊彩畫

（一）裝飾內容的民族傳統

任何一種藝術所表現的內容都不能脫離那個時代的社會生活，也不能不帶有那個地區、那個民族物質生活和意識形態的印記。建築裝飾藝術自然也不會例外，尤其中國古代長期處於專制社會，皇權高度集中，意識高度統一。漢高祖取得政權，在長安大建宮室，高祖劉邦對此舉還有些顧慮，丞相蕭何進言：『天子以四海為家，非壯麗無以重威』（《史記·高祖本記》）。明成祖朱棣取得政權，自南京遷都北京，在元大都皇城宮室的基礎上重新規劃修建了宏大的紫禁城。中國歷代皇帝在地上建宮室，同時又在地下營建陵墓，許多帝王都親自選陵地，定規模，為身後經營自己的墓穴。專制統治者是那樣重視建築的規模和形象，都力圖通過建築表現出皇權的至高無上，所以建築的規模、形體不僅為了滿足物質生活的需要，而且還要滿足精神生活的要求。在一些宮殿、陵墓、壇廟建築裏，有時精神生活的需求甚至於超過了物質生活的需求。因此建築的形象、建築的裝飾作為表現內容的重要手段被大大地發展了，它們所表現的內容深深地反映了當時專制統治階級的意識與要求。神龍自從成了帝王的象徵，就大量地出現在宮殿建築的裝飾裏，幾千年沿襲下來經久不變；而且不但用各種形態的龍，還發展了龍的家族，房屋脊上的吻獸，大門上的鋪首，臺基上的吐水螭首，石碑下的贔屭，這些裝飾構件都成了龍的兒子。

數千年的儒家思想成了中國專制社會的統治思想，忠、孝、仁、義成了社會的道德規範，福、祿、壽、喜，招財進寶，喜慶吉祥成為人們的理想追求。古代無數小說、詩歌、戲曲、繪畫都頌揚、傳播著這種時代的精神意志，建築裝飾藝術當然也不例外。歷史上有

圖四六　山西五臺山龍泉寺石牌樓

數不清的忠義、節孝牌樓豎立在城鄉各地，安徽歙縣的一個村就有七座牌樓排列在一起，稱頌的全是當地的義士、節婦與孝子的功德。山西五臺山一座寺廟的石牌樓，從屋頂到檐下，從樑枋立柱到基座都刻滿了石雕，這裏有各式各樣的龍、蝙蝠，有靈芝、牡丹和各種仙果，有雲、如意等各式紋樣，牌樓正中題著『佛光普照』、『法界無邊』、『共登彼岸』、『同入法門』的字樣，所有這些裝飾都是為了表現出佛教天國的繁華與歡樂，招引世俗人們去入道修煉（圖四六）。在各地寺廟、祠堂、官府、宅邸裏，在這些建築的木雕、磚雕、彩畫裝飾裏，可以看到用各種主題表現出的福、祿、壽、吉祥、如意等等傳統的精神意識。帝王可以通過建築的鮮艷強烈的色彩，通過豪華的裝飾表現出皇權的威勢。文人雅士則通過建築的淡泊色彩，通過細膩的裝飾再現出他們超凡脫俗的思想情懷。皇帝可以集中財力物力將宮廷工藝中最精湛的景泰藍、嵌珠鑲寶、描金鍍銀都應用在建築裝飾上，從而創造出豪華奢侈的環境。文人士大夫則像繪製山水畫那樣精心地在室內外佈置點石，配置植物，從而創造出典雅的自然環境。建築裝飾所表現的內容就是這樣深深地反映著民族的精神世界，反映著中國數千年傳統文化的內涵。

（二）　裝飾手法的民族傳統

在建築裝飾藝術中，對實物形象創造的程式化和採用比擬與象徵的表現手法，這種現象在中外古今的裝飾中都存在，但比較而言，在中國古代建築裝飾中表現得更為普遍和更為經常，可以説已經形成為一種民族的傳統，其原因是多方面的。

在藝術創作中，形象的塑造都來自創作者對客觀景物的觀察而獲得感性認識、或稱為主體從客體獲得的表象，然後，主體對這些表象進行綜合、研究、概括、提煉，經過複雜的形象思維與邏輯思維而創造出藝術形象。這種藝術形象既來源於客觀世界，但又不同於它們的自然原型。米開朗基羅創作的《大衛》雕像和達芬奇創作的《蒙娜麗莎》，都不是某一位民族英雄或貴婦人的寫實肖像，而是藝術家精心創作的藝術形象。中國唐朝名畫《歷代帝王圖》儘管畫的是歷史上有名有姓的十三位帝王，但它們自然不可能是這些帝王的寫生畫像而祇是畫家根據封建統治者共同的特徵而創造的藝術形象，在這些形象裏還融進了畫家對帝王不同氣質的認識與評價。五代著名畫家荆浩的《匡廬圖》和關仝的《關山行旅圖》儘管畫的都是自然山水景，但畫面上的高山峻嶺、房舍人物，都不是某一處山林房屋的自然寫實而是作者精心的藝術創作，融合了畫家對自然山景的深刻認識與由此而獲得的心靈感受。這種共同的藝術創作規律在我國古代藝術創作的長期實踐中不但得到廣泛的應用而且還形成了自己的特色，這就是中國藝術中所強調追求的『意』。意即意境，一件藝術作品所表現的不但是有形的物境，而且還要有無形的意境，即通過藝術形象的描繪來抒發一種主觀的意念。王國維在《人間詞話》中說：『境非獨謂景物也，喜怒哀樂亦人心中之一境界，故能寫真景物真感情者謂之有境界，否則謂之無境界；』又說：『詞以境界為最上。……有造境，有寫境，此理想與寫實二派之所由分，然二者頗難分別，因大詩人所造之境必合乎自然，所寫之境亦心鄰於理想故也』。所以意境成了中國古代藝術創作中的最高追求。在這種思想指導下，產生了中國藝術創作中一系列特點。以中國繪畫為例，首先表現在整體構圖上，它不像西方古典繪畫那樣講求機械的一點或兩點透視而講求動態地觀察，將客觀景物納入作者心腦後再作出全景的描繪。宋朝張擇端的《清明上河圖》從東京城郊一直畫到城裏的大街小巷，詳盡而生動地描繪了宋京都清明時節的城鄉面貌與民情風俗；五代畫家巨然的《長江萬里卷》長約二丈，將沿江的平山遠沙，江村漁舍，樹竹煙雲盡列卷上，江波浩淼，隱逸無際，像這種移動式的全景構圖在西方古典繪畫中尚不多見。其次表現在畫面題材的組織上不拘泥於客觀景物的自然關係，畫山林主張『搜盡奇峰打草稿』，不必忠實於某一處自然山石的原貌；寫靜物則可按主觀意境之需要而任意組織，不必像西方靜物畫那樣把器物擺在一起去寫生。松、竹、梅並非生長在一起，而畫家可使它們共處一畫面以表達君子為人的高風亮節。所以古人強調要行萬里路『立萬象於胸懷』，要『胸有成竹』，『意在筆先』纔能在創作時遊刃有餘，在作品中產生意境。第三在形象的描繪上，中國畫既求形似更求神似，要以形表情，以形傳神，力求形神皆備，貴在要有意境。宋朝徽宗趙佶愛好繪畫，但提倡形似，朝廷畫院畫家竟尚寫實以迎合皇帝所好。一幅院體畫畫一殿廊，金碧輝煌，朱門半開，一宮女露半身於宮門外，手持箕作棄鄙狀，箕中果皮如鴨腳、荔枝、胡桃、榧栗、榛子等皆表現得清楚可辨，可謂形似到家，但在中國畫裏，此類作品雖屬宮畫也衹屬難登大雅之堂的下品而已。描繪景物講究神似，講求意境，所以衹要意足也可不求顏色真，青竹、紅梅皆可用黑墨來描繪，因為寫竹畫梅都為表達作者的情思，於是纔出現了中國繪畫特有的墨竹與墨梅。蘇東坡更創造了以朱色畫竹的先例，把中國繪畫的寫意特點真發揮得淋漓盡致了。

這種追求意境，求神重於求形的藝術創作特點也同樣表現在中國古代的雕塑藝術上。在寺廟的菩薩、羅漢、金剛的塑像上可以見到這種求神的創作表現。作為護佛護廟的金剛

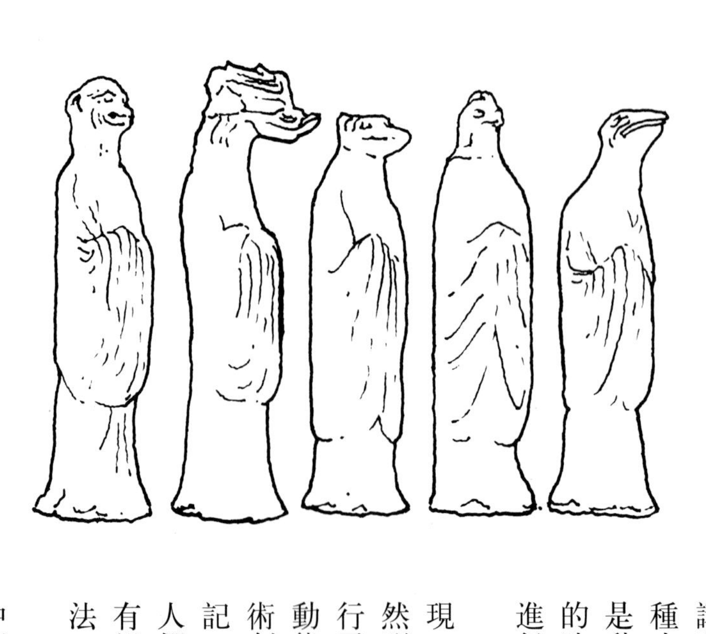
圖四七　唐代生肖群俑

力士，為了表現它們的威武與力量，往往是怒目鼓眼，手持法器，渾身肌肉起突，它們不講究整體是否合乎常人的比例，不求肌肉起突是否合乎人體之解剖結構，它們衹是作為一種力量的表現形式。古代地下墓室中大量陶俑、泥俑的形象塑造更加隨意，無論是人物還是動物，為了表現它們的喜怒哀樂，可以在體形姿態、四肢動作、面部表現各方面作誇張的造型處理。唐朝的十二生肖俑，在體態與表情上都完全人化了，將十二種動物的原形都進行了變異再創作，十分生動地表現了它們不同的神態（圖四七）。

在我國十分豐富的民間藝術品創作中，這種追求神似，講求意境的手法更有突出的表現。各地泥製、陶製、布製、面製的娃娃和獅、虎等各種動物玩具，它們的造型無不在自然形態上作了藝術的誇大。在皮影戲、剪紙等平面造型藝術中，藝人們更對景物的形象進行了大膽的概括與簡化，他們根據二維空間造型的特點，捨去主體的細部描寫而特別注重動態情勢的整體表現，以簡潔的形式，明顯的動勢達到傳神的目的。就是在這樣長期的藝術創作實踐中，民間藝術家創造出許多成功的視覺藝術圖式與符號，通過口述、手教、心記，代代相傳使這些符號成了廣大藝人掌握的『心象』，並且不斷地得到豐富與發展。藝人們正是用這些心象去表現傳統的精神內容，表達百姓的理想與希望，使民間藝術成了具有鮮明民族和民俗特點的重要藝術品類。它們不僅體現而且還發展了我國傳統的創作方法，將求意求神發展到極富浪漫主義的創作境地。

我國古代建築裝飾就是在這樣的歷史背景下，在這樣的傳統藝術環境下進行創作的。中國古代建築，不論是宮殿、寺廟還是祠堂、民宅，從規劃、設計到製作，除了有極少數官吏、文人領導和參與外，幾乎全由工匠主持和實施，從大木構架的加工，磚石灰瓦的砌造，到構件和裝飾的製作無不出自工匠之手。廣大工匠既是直接勞動者，又是經營創造者，他們祖祖輩輩生活在民間，依靠口述與文字的傳播，通過戲曲、神話、宗教、歷史故事不斷地受到民族文化的滋養，也就是在這個過程中接受了傳統的倫理道德和傳統的世界觀。他們的技巧也依靠家族、師徒的關係手教言傳，一代繼承一代。所以建築業的工匠無論在思想意識還是手工技術上都離不開民間傳統藝術的影響與熏陶，他們就是民間藝術創作的一員，尤其是那些從事磚、石、陶、泥建築裝飾製作的工匠，有的就是菩薩、金剛的塑造者，油漆彩畫的工匠同時也從事於建築壁畫的繪製。因此，中國古代藝術的傳統創作方法與特點也必然指導著建築裝飾藝術的創作。

凶猛的獅子在民間舞獅子的吉慶活動中被人化得活潑可愛了，它們能做出登高凳、滾

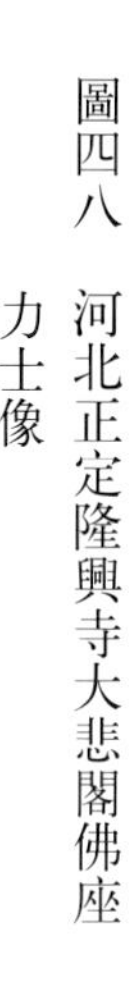
圖四八　河北正定隆興寺大悲閣佛座力士像

繡球等各種歡騰跳躍的動作，能表現出打哈欠、搔癢癢等各種逗樂的姿態，這種人化了的獅子形象也必然反映在建築裝飾中的獅子身上。各地建築門口的獅子，磚雕石刻裝飾中的獅子早已失去凶猛面貌，它們的形體動作和面部表情變得頑皮可親了，昔日的獸中之王變成了民俗活動中的喜慶象徵，它的形象給人們帶來歡樂與吉祥。

在佛塔、佛像的基座上，都可以發現在四角有力士的雕像，他們或站立或跪在地，肩扛著基座，呲嘴鼓眼，全身肌肉突起，用力地承受著基座上的重壓。這些力士像和寺廟中常見的金剛力士像一樣，通過誇張的手法塑造出它們的藝術形象（圖四八）。

民間剪紙、皮影藝術的造型手法在瓦當裝飾中也有充分的表現。造型複雜的龍、鳳、龜、虎在瓦當上都變成了二度空間的平面形象。工匠大膽地捨去這些動物的細部刻劃，通過有特點的整體動勢表現出它們不同的神態，其表現力與裝飾效果一點也不遜於這些動物的立體雕刻形象。

古代建築裝飾，無論在表現的內容和表現的形式、手法上都表現了民族的傳統特征，它是形成中國建築特征的一個重要組成部份。

（三）民族傳統的持續與發展

中國古建築裝飾上所表現的民族傳統為甚麼會保持得這麼長久？一種裝飾式樣為甚麼會如此長久地滯留在建築物上？究其原因，第一是因為這些建築裝飾所表達的思想內容有很大的繼承性。在中國古代長達兩千多年的專制社會裏，這種繼承性還表現得特別持久。儒、道、佛思想組成的深厚文化積層長期統治著中國社會，象徵皇帝的龍用在裝飾裏長達兩千年而不變，具有表現倫理道德和人們理想心願象徵意義的奇禽珍獸、繁花異草成了建築裏永恆的主題。其次是因為人們的審美趣味也帶有相當的穩定性和滯後性。人類與自然界的關係由恐懼到駕馭，而後發展到能夠欣賞自然山水之美，其中經歷了一個漫長的時期，但是當人們對自然產生了美感以後，這種美感可以保持得十分長久。李白的『兩岸猿聲啼不住，輕舟已過萬重山』，『飛流直下三千尺，疑是銀河落九天』，這些對山川奇景的描繪之所以能成為千古絕句，正說明了這種審美觀念的惰性。對自然山川如此，對建築裝飾的欣賞也是如此。中國古建築裝飾所表現的內容本來就具有很大的穩定性，更何況有不少裝飾所表現的還祇是一種抽象的形式之美。在彩畫、木雕、磚石雕刻裝飾中，有許多幾

圖四九　捲草紋

上：敦煌石窟早期捲草紋
中左：北響堂山二窟捲草紋
中右：雲崗第十窟捲草紋
下：敦煌石窟唐代捲草紋

圖五〇　西安唐楊執一墓門額楣捲草紋

何紋樣和一些植物枝葉所組成的花飾，它們並不具有明確的思想內容，它們衹是通過大小比例，佈局的對稱、均勻和疏密關係，色彩的對比與調和，絢麗與淡雅的不同效果表現出一種形式美。人們在對它們的長期觀察中也逐漸形成為一種判斷美感的是非準則，這種準則也代代相傳，具有相當大的穩定性。正因為如此，表現在古建築裝飾中的民族傳統纔具有很大的持續性。

在古代長期專制社會時期，中國的文化從總體來看比較閉關自守，處在一個相對封閉的狀態中，但是歷史上也曾經出現過幾次大的中外文化交流。兩千年前佛教的傳入是對中國古老文化的一次衝擊。伴隨著佛經的傳入，佛教繪畫、雕刻，佛教建築也大量傳到中國，給中國藝術帶來了嶄新的內容和形式。敦煌和雲崗等處的石窟藝術比較全面地反映了這方面的情況。佛像和佛塔作為教徒頂禮膜拜的對象而出現在寺廟和石窟裏；一些具有佛教意義的形象如飛天、火燄、蓮荷成了裝飾中的主要題材。一些外來的捲草、瓔珞花紋也在裝飾中出現，在雲崗石窟中還可見到希臘愛奧尼式的柱頭；另一方面，我們所熟悉的、中國早期常用的裝飾題材和紋樣，如饕餮、夔紋、各種獸面、雲氣紋在這些石窟中都見不著了，這些傳統紋樣突然銷聲匿跡了。這種現象說明舊的傳統形式一時難以去表現外來的佛教內容，從建築到裝飾都必然要出現新的形式。但是衹要進一步仔細考察這些新的建築和裝飾形式，就可以發現那些外來的佛像、佛塔都不是原來印度的樣子了，那些捲草、葡萄、火燄等紋樣裝飾也失去了原來印度、希臘或波斯的花紋式樣，這些表現佛教內容的藝術形象在中國大地上都發生了變化。造成這種現象的原因是因為這些佛像、佛塔和裝飾都是由中國的藝人和工匠創造的，他們懷著對宗教的虔誠，按照佛經對佛的描寫精心地去塑造和繪製，但是任何神像都不過是現實人像的神化而已，所以中國工匠對佛像的塑造衹能是根據他們心目中現存的中國帝王、貴族等高貴者的形象去進行再創造，因而纔出現了帶有中國傳統『秀骨清像』風貌儀容的佛像，出現了中國人披著波斯大巾，戴著波斯帽的菩薩像，出現了穿戴著中原貴婦人服飾的比丘尼。同樣的原因，印度的窣堵坡變成了中國樓閣式塔，印度、波斯的保持著自然原形的獅子雕像變成了千姿百態的中國獅子群像。建築的裝飾花紋也是如此，外來的捲草紋形象原來比較生硬和單薄，葉子排列成行，相互之間無聯係，缺乏整體感，它們經過中國工匠的手，表現在響堂山石窟上的紋樣就比原來的線條流暢而且外形飽滿（圖四九）。原來用石刻的捲草紋在敦煌石窟裏只能用畫筆在平面上表現，工匠在繪製這些花紋時，運用中國毛筆的特點，融進了中國繪製雲紋、龍紋的傳統

圖五一　山東煙臺福建會館樑架

圖五二　安徽歙縣棠樾村祠堂樑架

手法，使捲草紋花枝連綿不斷，花葉縈迴盤旋，線條如行雲流水，瀟灑飄逸，造型豐滿。後來又將新的題材葡萄與石榴，老的題材牡丹、蓮荷代替了單一的忍冬草組織進捲草紋，再加上色彩的敷設，使捲草花紋形象更加豐滿而飽和，華貴而絢麗，形成一種既有新內容又是傳統形式的新花飾，使中國裝飾紋樣達到了一個極高的藝術水平（圖五〇）。

佛教藝術，從它的內容、形式到裝飾都是新的，都是在中國原來的傳統裏不曾見過的，它無疑給中國的造型藝術注入新的血液，豐富了藝術的形式和內容。但是，這些新的內容通過中國工匠的理解，通過他們的雙手表現出來的形象，又都有別於他們原來的形式而帶有了中國傳統的風格。這些佛、菩薩、飛天、花飾都是外來的，但它們又都是中國的，它們既吸收了外來的新鮮形式，同時又繼承了自己民族的傳統表現手法，兩者相互融合，創造出了新的藝術形式。它發展和豐富了原有的傳統，本身成為連綿不斷的傳統中一個新的組成部份。

二、裝飾的地方風格與時代風格

中國古建築裝飾既有統一的民族特色，又呈現出多彩的地方風格與時代風格。

屋頂是中國建築很重要的一個部份，它很早就出現了不同的藝術形象，在各地比較通行的有廡殿、歇山、懸山、硬山諸種形式以及單檐、重檐的區別。但是在雲南西雙版納地區的許多寺廟上，屋頂形式更加豐富多彩，碩大的屋面上下左右被分成高低不同的面，連屋脊也分成幾個段落，一座不大的經堂，集中了八〇個懸山面和二四〇條屋脊相組合，其複雜程度不亞於北京紫禁城的角樓。在這些屋頂上，完全打破了常見的吻獸安置規矩，屋脊上排滿了動物、植物的裝飾。各地祠堂、會館建築作為一個地區、一個村鎮氏族的象徵，往往建造得十分講究，建築上充滿著各種裝飾，其中廣東、福建一帶的祠堂、會館比其他地區的裝飾得更為複雜與華麗，有的從屋脊、屋面、樑枋到柱子、基座，屋裏屋外幾乎都佈滿了裝飾。而同樣是在南方的浙、皖一帶，這類裝飾就簡練得多（圖五一、圖五二）。北方四合院住宅，即使是王府大院，它們的裝飾也多集中在門頭、影壁、牆頭以及室內的罩、槅扇等處，有重點地使用磚雕、木雕等構件。但在福建、廣東一帶的富家住宅上，則喜歡用極繁瑣與花梢的雕飾來顯示主人的權勢，大門入口堆滿了石雕與磚雕，樑枋上雕著獅子、蝙蝠和各式花草，垂柱頭雕成方、圓、八角等各種式樣的花籃，同一間廳堂

圖五三　福建泉州楊阿苗宅樑架

圖五四　江蘇蘇州羅漢院宋代柱礎

的柱礎有不同雕飾的幾種式樣，槅扇、落地罩上下都佈滿著密集的木雕花飾，人居其中，視覺都會感到緊張而疲乏（圖五三）。在江南一帶文人的住宅裏卻多用粉牆黛瓦，樑架上不用雕飾，不施彩畫，體現出主人的精神追求。各地區的祠堂與住宅會表現出如此不同風格的裝飾。

另一方面，在不同的歷史時期，建築裝飾藝術也會表現出風格的差異。在陶、漆、織繡、瓷器及其他類型的工藝品上，唐朝及以前時期，多表現出淳樸、豐滿的博大渾厚的風格，到宋朝以後轉向清秀、富麗，發展到封建晚期的清朝，則明顯地出現了繁縟豪華的風格，在工藝品的形式與技巧上一味追求奇特、纖細，瓷器製品要『薄如卵幕』，金銀玉器講求畸形怪異，甚至出現了用象牙削成薄片編織成的涼席。在形式與技巧上與工藝品十分相近的建築裝飾大體上也呈現出這種類似的情況。早期南朝墓前的石獅不求與原型的形似而求神似，以簡練而有力度的線條表現出獅子的神韻，但發展到清朝，則更注意刻劃獅子的細部，體上的肌肉、頭上的捲毛塑造得十分細緻，而在整體上卻失去了獅子的神態。早期的石柱礎多用淺雕雕出簡潔的植物花卉或動物形象作為裝飾，注意不破壞柱礎的整體外貌；而到清朝，許多石柱礎變成了玲瓏透剔的石雕品，上面佈滿了動植物、人物、器皿的形象，完全失去了作為柱礎應有的渾厚而敦實的造型特點（圖五四、圖五五）。許多木雕、磚雕與石雕裝飾，不管它們在建築上所處的位置，所在的環境特點，甚至不管它們是否能被看得清楚與看得見，都一味地追求情節的豐富，講究技巧的複雜與形式的奇特。

這些不同地區、不同時代的風格特點是如何形成的？這裏有民族的、宗教的、自然環境、人文環境以及技術等多方面的原因，而且這諸方面的原因往往又交錯復合在一起。

我國西藏藏族地區的寺廟與雲南傣族地區的寺廟在整體造型、色彩、裝飾等方面都具有不同的風格。這兩個地區同樣都是信仰佛教，但藏族信奉的是藏傳佛教即喇嘛教，傣族信奉的是南傳佛教即小乘教。他們幾乎都是全民信教，但喇嘛寺廟常年住著為數衆多的僧人在裏面進行佛事活動，而傣族百姓衹是定期臨時性地去廟裏拜佛，常年住在廟裏的僧人為數不多。西藏氣候變化大，冬季寒冷，房屋多用磚石築造，雲南氣候三季如春，夏季炎熱，房屋多用木竹材料。這種種原因造成了兩地寺廟的不同特點，喇嘛廟規模大，外觀造型厚重封閉，而傣族寺廟規模小，外觀造型輕盈透空。喇嘛寺廟色彩上的鮮明強烈和裝飾上的磅礡壯麗反映了藏族人民粗獷豪爽的性格，而傣族人民的活潑開朗又造就了傣族寺廟色彩絢麗與裝飾靈巧的風格。雲南大理白族住宅中常用具有自然紋飾的大理石作牆面裝

圖五五　清代石柱礎

飾；雲南、廣西地區的民居上常見到用編織成花紋的竹皮作牆體；在廣東比較講究的祠堂、會館裏又常用刻花玻璃鑲在槅扇上，具有很強的裝飾效果；這都和一個地區所用的建築材料，當地傳統的工藝做法直接有關係。民族、宗教、自然、人文諸種因素就是這樣交錯復合在一起影響著建築的創造，纔使建築裝飾呈現出多姿多彩的不同風格。

這些不同風格的建築裝飾都具有各自不同的美學價值，它們之間没有高低、優劣之分。瀋陽故宮是清朝入關之前尚未取得全國政權時建造的宮殿建築，當時工匠用了全部的智慧與技能，用他們所能掌握的各種材料，創造出了各座建築的整體形象與裝飾。儘管這些形象與裝飾遠没有北京紫禁城那麼成熟與規範化，但是在它們身上所表現出來的粗獷的美卻是紫禁城所没有的。古代文人按照自己的情趣經營住宅與園林，他們追求的是一種淡泊雅致的意境，他們不喜歡皇宮、皇園那樣的燦爛輝煌，更不喜歡家族祠堂、財主宅邸那樣繁縟的雕樑畫棟。但是這並不能否定皇宮、祠堂的美學價值。皇宮、皇園自有它本身的輝煌之美，那些繁縟的雕樑畫棟有時可以吸引住衆多的觀賞者，正是這些繁瑣的裝飾所表現的豐富的民俗内容和精湛奇特的技巧使觀賞者駐足不前，驚嘆不止。不論是構圖簡練的還是繁雜的，不論是色彩濃艷的還是淡雅的，不論是寫實的還是寫意的，這些裝飾都是工匠應用他們所掌握的藝術語言與符號，傾注了他們全部的智慧，精心地表達出一定的内容，無疑它們都各具有相同的或者不同的美學價值，它們為不同的人所欣賞所愛好。當然，在具體的創作中，在構圖處理、技法表現、色彩配置等等方面，表現在每一件裝飾作品上還會有高低之分與文野之别，但它們的美學價值不會因裝飾風格的不同而消失。

中國古代建築裝飾在幾千年的歷史中，正因為有了各種不同風格的共同發展，纔使傳統裝飾呈現出如此豐富多彩的面貌，成為中國古代建築藝術的一個重要的部份。

註　釋

本文插圖中圖二、四、五摹畫自劉敦楨主編《中國古代建築史》，中國建築工業出版社一九八四年六月版。圖六、圖三五摹畫自梁思成著《營造法式註釋》，中國建築工業出版社一九八三年九月版。圖二四、圖三一摹畫自錢君匋、張星逸、許明農編《瓦當匯編》，上海人民美術出版社一九八八年六月版。圖四一、圖五〇錄自劉敦楨主編《中國古代建築史》，中國建築工業出版社一九八四年六月版。

圖版

皇極殿

二　紫禁城太和殿藻井

一　北京紫禁城皇極殿（前頁）

三　紫禁城三大殿臺基

五　天壇皇穹宇藻井

六　天壇皇穹宇立柱

四　北京天壇祈年殿屋頂

祈年殿

七　江蘇蘇州網師園

八　蘇州留園五峰仙館内景

九　蘇州留園花窗

一〇　蘇州拙政園漏窗

一一　西藏拉薩布達拉宫白宫

一二　布達拉宮白宮立柱

一三　西藏拉薩大昭寺法幢

一四　大昭寺卧鹿法輪

一五　雲南勐海縣景真寺經堂

一六　雲南昆明塔中波頂部

一七　雲南景洪地區佛寺屋頂

一八　景洪地區佛寺屋頂

全国重点文物保护单位
阿巴霍加麻扎
(公元1639-1640年)

二〇　阿巴伙加瑪札大禮拜寺天花藻井

一九　新疆喀什阿巴伙加瑪札大門（前頁）

二一　北京牛街清真寺禮拜堂

二二　廣東廣州陳家祠聚賢堂

二三　陳家祠昌媯門頭

二四　陳家祠大門抱鼓石

二五　陳家祠欄杆

二六　浙江建德新葉村文峰塔與文昌閣

二七　文昌閣山牆裝飾

二八　文昌閣木雕裝飾

二九　河北承德普陀宗乘之廟萬法歸一殿屋頂

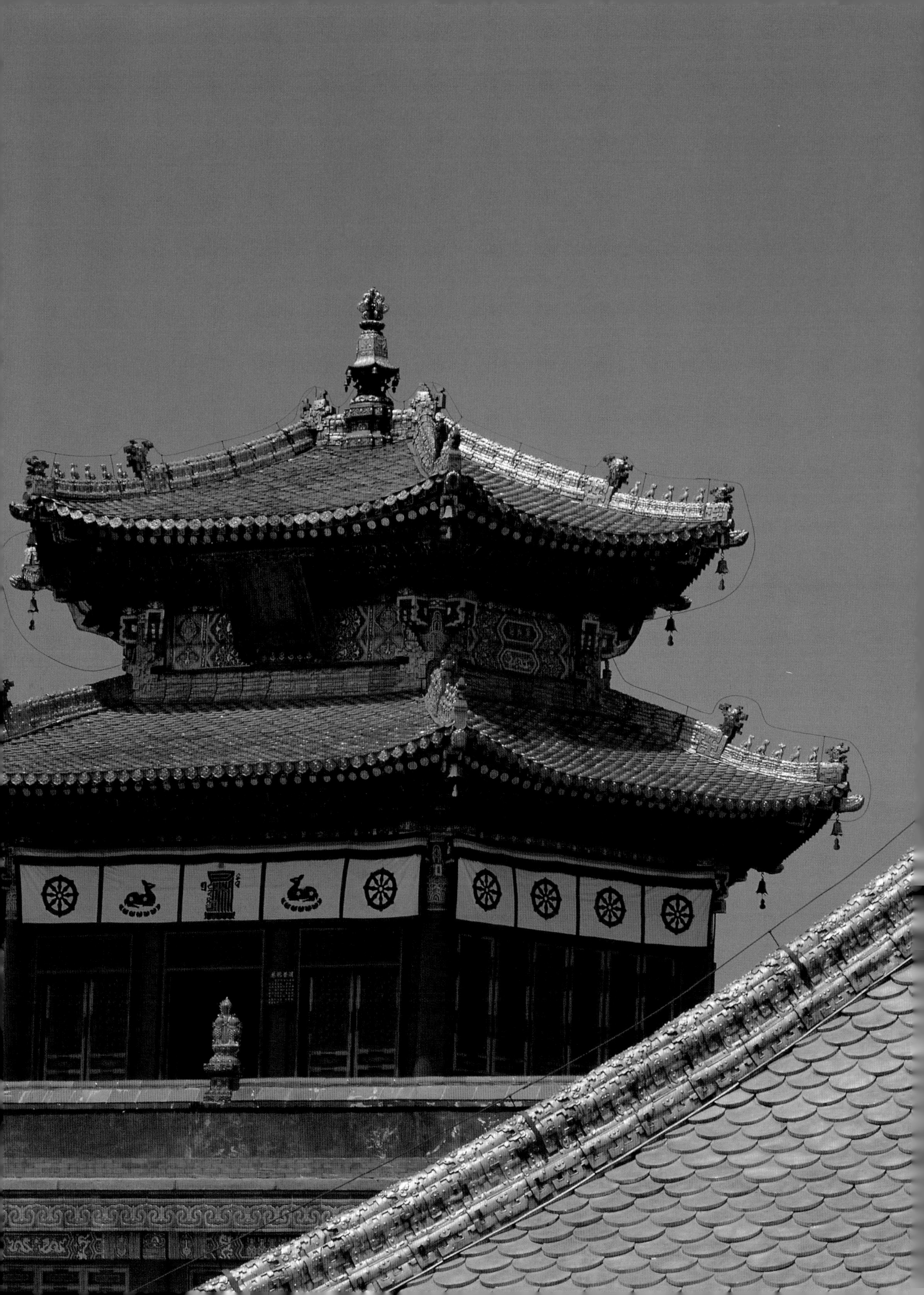

三〇　承德普寧寺大乘閣

三一　北京紫禁城角樓

三二　北京天壇雙亭

三四　雲南賓川雞足山祝聖寺鐘樓

三五　上海豫園戲臺

三三　福建福州湧泉寺鼓樓屋頂

三六　浙江蘭溪諸葛鎮大公堂大門

三七　貴州從江縣鼓樓屋頂

三八　河北承德須彌福壽之廟妙高莊嚴殿金頂

三九　上海豫園建築屋頂

四〇　廣東佛山祖廟大殿屋脊

石灣均玉造

四一　寺廟大殿屋脊

四二　寺廟大殿屋脊

四三　寺廟大殿屋脊

四四　寺廟大殿屋脊

四五　四川灌縣青城山建築屋頂

四六　灌縣青城山建築屋頂

四七　雲南景洪地區寺廟屋頂

四八　景洪地區寺廟屋頂

四九　浙江寺廟屋頂

五〇　浙江寺廟屋頂

五一　四川灌縣二王廟殿堂屋角

五二　浙江普陀普濟寺大殿屋頂翹角

五三　四川成都寶光寺大殿屋頂

五四　雲南景洪寺廟屋頂

五五　河北承德普陀宗乘之廟萬法歸一殿屋頂裝飾

五六　四川寺廟屋頂裝飾

五七　河北承德普陀宗乘之廟萬法歸一殿屋頂寶頂

五八　雲南昆明塔中波塔刹（後頁）

六〇　北京天安門城樓屋頂山花

五九　江蘇鎮江慈壽塔塔刹（前頁）

六一　瀋陽故宫崇政殿山牆裝飾

六二　上海沉香閣屋頂裝飾

六三　雲南大理白族民居山牆

六四　北京紫禁城皇極殿彩畫

六五　北京團城承光殿彩畫

六六　北京紫禁城倦勤齋彩畫

六七　北京頤和園玉瀾堂彩畫

六八　瀋陽故宮文溯閣檁枋彩畫

六九　瀋陽故宮嘉蔭堂戲臺彩畫

七〇　北京雍和宮永康閣彩畫

永康閣

七三　雲南賓川雞足山祝聖寺鐘樓檐下裝飾

七四　北京頤和園東宮門彩畫

七二　上海豫園戲臺檐下裝飾

七一　瀋陽昭陵隆恩殿檐下彩畫（前頁）

七五　北京雍和宮大殿彩畫

六　北京紫禁城皇極殿屋角

七七　四川成都寺廟建築撑栱

七八　成都寺廟建築撑栱

七九　成都寺廟建築撑栱（後頁）

甲子孟冬

八一　江西景德鎮祠堂撑栱

八〇　成都寺廟建築撑栱（前頁）

八二　四川雲陽張桓侯廟戲樓撐栱

八三　雲南麗江寺廟建築挑檐木

八四　雲南景洪曼孫滿佛寺挑檐木

八五　廣西侗族民居垂花柱

八六　四川灌縣二王廟建築垂花柱

八七　北京西黄寺院門垂花柱

八八　上海豫園戲臺垂花柱

八九　福建福州祠堂垂花柱

九〇　山東煙臺福建會館垂花柱

九一　四川峨嵋山萬年寺大殿匾聯

九二　四川灌縣二王廟大殿匾聯

九三　北京頤和園諧趣園洗秋水榭匾聯

九四　浙江杭州淨慈寺大殿匾聯

九五　北京紫禁城皇極門

九六　紫禁城齋宮門

九七　北京天壇皇穹宇院門

九九　北京頤和園東宮門大門

九八　北京北海西天梵境院門

一〇〇　頤和園智慧海佛殿大門

一〇一　北京雍和宫天王殿歡門

一〇二　北京頤和園内院垂花門

一〇三　頤和園垂花門裝飾

一〇四　北京紫禁城寧壽宮殿內垂花門

一〇五　瀋陽故宮便門局部

一〇六　北京頤和園東宮門上裝飾

一〇七　浙江普陀梅福禪院院門

一〇八　浙江寧波天童寺旁門

真佛地

一〇九　江西婺源延村民居門頭

一一〇　安徽黟縣關麓村民居門頭

一一一　江西景德鎮民居門頭

一一二　雲南大理白族民居門頭

一一三　大理民居門頭

一一四　江蘇蘇州網師園院門

一一五　網師園院門磚雕

一一六　網師園院門磚雕

一一七　網師園竹松承茂門頭磚雕

一一八　網師園竹松承茂門頭磚雕

一一九　北京紫禁城乾清宮槅扇

一二〇　紫禁城交泰殿槅扇局部

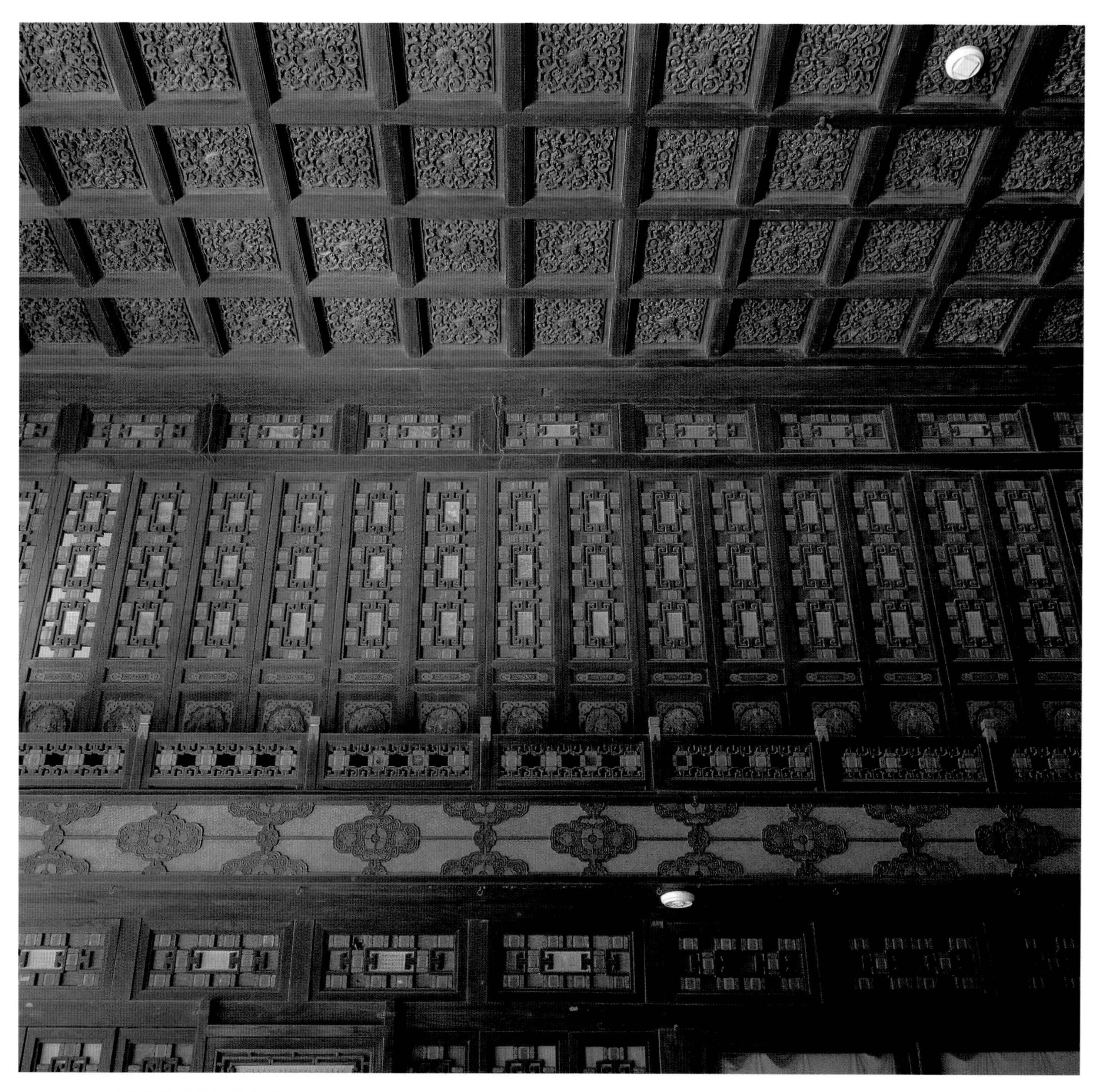

一二一　紫禁城樂壽堂室内裝修

一二二　樂壽堂槅扇槅心部份裝飾

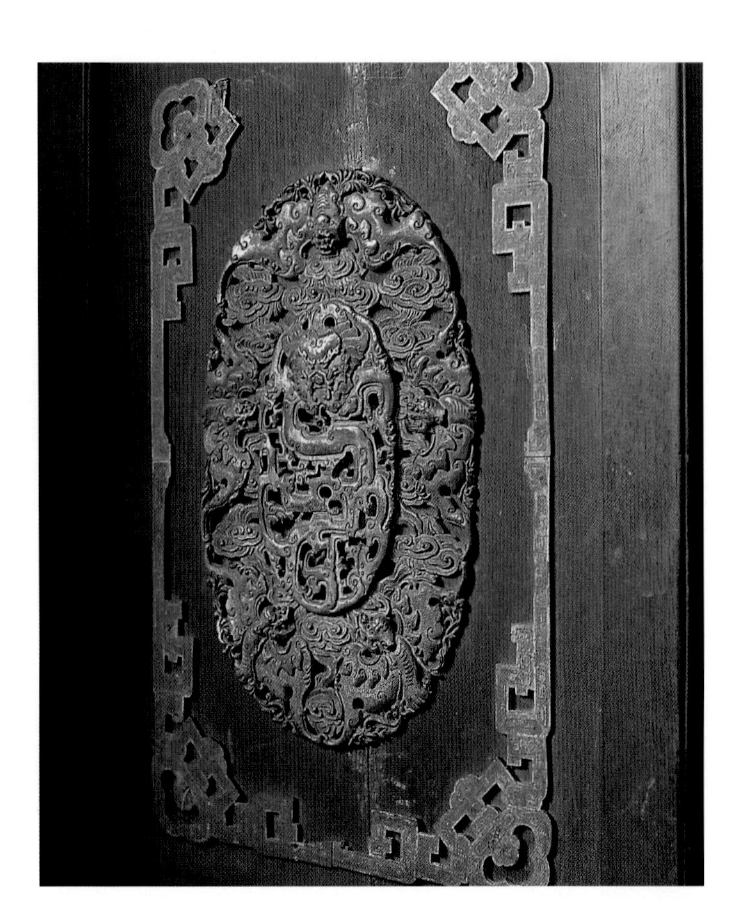

一二三　樂壽堂槅扇裙板裝飾

一二四　北京頤和園廊屋窗

一二五　北京雍和宫延綏閣門窗

一二六　雲南昆明筇竹寺大殿槅扇

一二七　筇竹寺槅扇裝飾

一二八　雲南昆明寺廟槅扇

一三〇　成都寺廟建築門窗

一三一　成都寺廟建築門窗

一二九　四川成都寺廟建築門窗

一三二　成都寺廟建築門窗

一三三　廣東佛山祖廟殿堂槅扇

一三四　佛山祖庙殿堂槅扇

一三五　佛山祖廟殿堂槅扇

一三六　江西景德鎮祠堂建築門窗

一三七　景德鎮祠堂建築門窗

一三八　江西景德鎮華七公大宅槅扇局部

一三九　華七公大宅槅扇局部

一四〇　福建福安樓下村民居圍屏

一四一　樓下村民居圍屏局部

一四二　樓下村民居圍屏局部

一四三　廣東廣州陳家祠廳堂槅扇裙板

一四四　陳家祠廳堂槅扇裙板

一四五　陳家祠刻畫玻璃窗

一四六　廣東民居玻璃花窗（後頁）

一四八　廣東民居槅扇上刻畫玻璃

一四九　安徽黟縣關麓村民居窗

一四七　廣東民居門罩上刻畫玻璃（前頁）

一五〇　福建福州民居槅扇

一五一　福州民居槅扇局部

一五二　福州民居槅扇局部

一五三　福州民居槅扇局部

一五四　江西婺源延村民居槅扇

一五五　延村民居槅扇局部

一五六　延村民居槅扇局部

一五七　延村民居槅扇局部

一五八　北京頤和園諧趣園牆窗

一六〇　留園建築牆窗

一六一　江蘇蘇州獅子林建築牆窗

一五九　江蘇蘇州留園漏窗

一六二　浙江杭州靈隱寺大殿牆上窗

一六三　福建泉州楊阿苗宅牆窗

一六四　楊阿苗宅内牆窗

一六五　瀋陽故宮文溯閣内景

一六六　北京紫禁城頤樂堂内景

一六八　浙江寧波天童寺佛殿内景

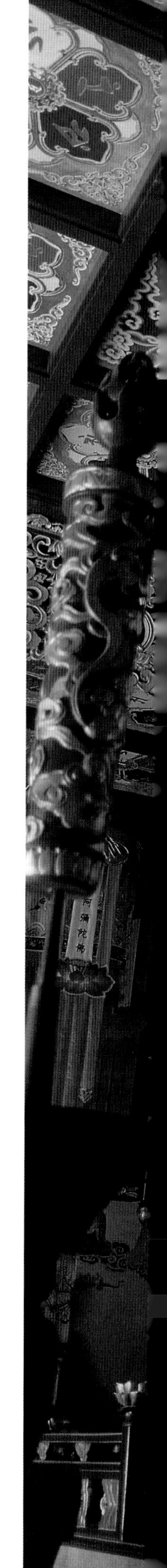

一六七　上海沉香閣大殿内景

一六九　北京牛街清真寺大殿聖龕

一七〇　雲南景洪曼孫滿佛寺内景

一七一　江蘇蘇州網師園萬卷堂内景

一七二　江蘇蘇州留園五峰仙館内景

一七三　北京頤和園景福閣抱廈内景

一七四　安徽黟縣關麓村民居内檐裝修

一七六　紫禁城倦勤齋檐廊樑架

一七五　北京紫禁城寧壽門樑架裝

一七七　瀋陽故宮崇政殿内樑架

一七八　瀋陽故宮大清門檐廊樑架

一七九　江西景德鎮玉華堂門廳樑架

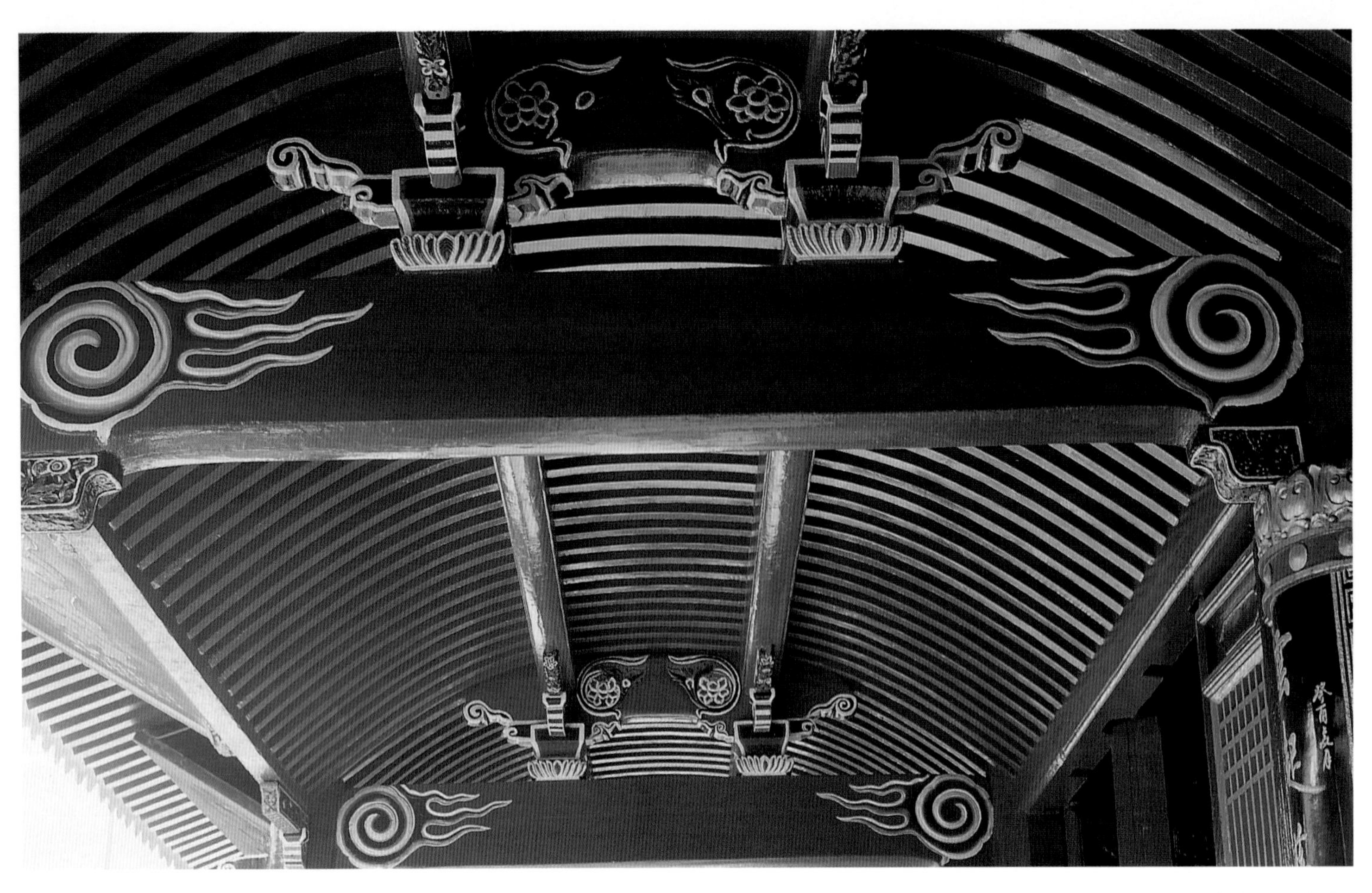

一八〇　浙江普陀普濟寺大殿樑架

一八一　四川成都寺廟樑架

一八二　福建福州民居樑架

一八三　福建泉州民居檐廊樑架

一八四　安徽黟縣民居樑枋

一八五　北京明長陵祾恩殿天花

一八六　河北遵化普陀峪定東陵隆恩殿内景

一八七　北京紫禁城寧壽門天花

一八八　北京頤和園景福閣天花

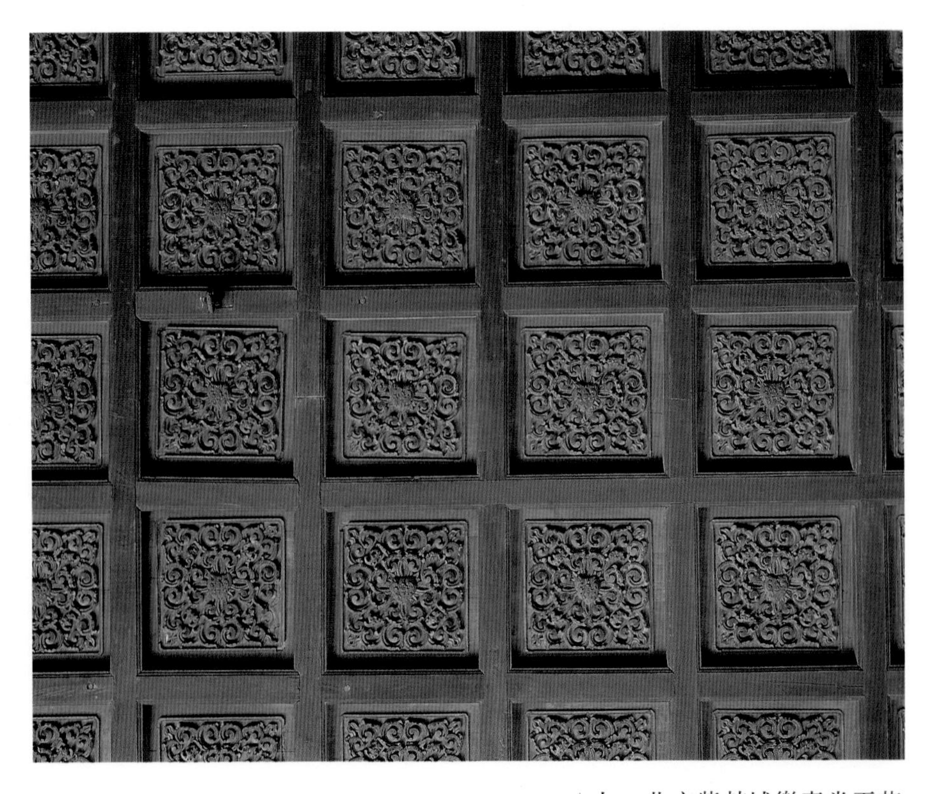

一八九　北京紫禁城樂壽堂天花

一九〇　紫禁城古華軒天花

一九一　浙江寧波保國寺大殿藻井

一九二　山西大同善化寺大雄寶殿藻井

一九四　瀋陽故宮大政殿藻井

一九三　北京紫禁城養心殿藻井

一九五　北京紫禁城千秋亭藻井

一九六　北京天壇祈年殿藻井

一九七　西藏拉薩布達拉宮日光殿牆面

一九八　布達拉宮日光殿牆面

一九九　廣東佛山祖廟戲臺牆面

二〇〇　廣東廣州陳家祠前廳外東牆磚雕

二〇一　陳家祠前廳外西牆磚雕

二〇二　福建泉州楊阿苗宅壁上雕飾

山林為伴松桂為鄰

二〇三　楊阿苗宅板壁裝飾

二〇四　雲南大理民居牆飾

二〇五　廣西民居牆面

二〇六　浙江永嘉民居墙面

二〇七　瀋陽故宮崇政殿山牆墀頭

二〇八　浙江寧波天一閣大門牆頭

二〇九　寧波民居廳堂山牆

二一〇　安徽黟縣民居牆頭

二一一　北京頤和園院牆牆頭裝飾

二一二　上海豫園院牆頭

二一三　豫園院牆頭

二一四　北京天寧寺塔塔身

二一六　新疆吐鲁番额敏寺塔塔身

二一五　北京北海白塔塔身

二一七　北京紫禁城御花園地面

二一八　江蘇蘇州園林地面

二一九　雲南麗江民居地面

二二〇　蘇州園林地面

二二一　北京紫禁城三臺

二二二　紫禁城乾清宫前欄杆望柱頭

二二三　北京頤和園排雲殿基座臺階

二二四　頤和園佛香閣臺基

二二五　瀋陽福陵隆恩殿臺基

二二六　廣東廣州陳家祠臺階欄杆

二二七　北京紫禁城皇極殿前日晷

二二八　瀋陽福陵供桌石雕

二三〇　北京碧雲寺金剛寶座塔

二三一　河北趙州陀羅尼經幢頂部

二二九　北京西黄寺清淨化城塔塔身

二三二　雲南昆明大理國經幢

二三三　北京頤和園後山木牌樓

二三四　頤和園花承閣木牌樓

二三五　上海沉香閣木牌樓局部

二三七　北京頤和園衆香界琉璃牌樓局部

二三八　瀋陽昭陵石牌樓

二三六　北京香山昭廟琉璃牌樓

二三九　北京碧雲寺石牌樓局部

二四〇　北京天安門華表

二四一　北京北海九龍壁局部

二四二　北京紫禁城遵義門内影壁

二四三　紫禁城寧壽門兩側影壁

二四五　北京紫禁城寧壽門前銅獅

二四四　雲南大理民居影壁

圖版説明

建築裝飾在建築藝術形象的塑造中起著重要的作用，建築的外貌，建築的色彩，建築的細部式樣都可以看作是建築裝飾的外部表現。現在首先選擇一組宮殿、壇廟、宗教、園林、鄉土等不同類型的建築，展示它們從總體形象到室內外細部的裝飾效果；然后再分別按建築屋頂、檐下、門窗、牆體、地面、基座等幾個部份，從上至下，從外到裏展現建築不同部位，從內容到形式都十分豐富多彩的裝飾。

一　北京紫禁城皇極殿

北京紫禁城是明、清兩代的皇宮，為了表現專制王權的威勢，在建築總體佈局，建築形象的塑造上都進行了精心的規劃和設計，尤其是大量應用裝飾手段增強了建築的表現力。紫禁城的宮殿建築用黃色琉璃瓦覆頂，屋檐下用青綠色調的彩畫，屋身用紅色的門窗和牆體，下面用白色的石臺基和灰磚鋪地。藍天黃瓦，青綠彩畫與紅門紅窗，白臺基與深色地面形成了強烈的對比，使宮殿建築具有濃烈而鮮艷的色彩效果。皇極殿建於清乾隆三七年（公元一七七二年），為寧壽宮建築群的前殿，是清高宗準備退位後當太上皇時居住使用的主要殿堂，因此形制相當講究，具有紫禁城宮殿建築的典型形象。

二　紫禁城太和殿藻井

藻井是室內天花上的重點裝飾，其形如井，故稱為『藻井』。太和殿藻井位於殿內天花的中心，由四方形過渡到八角形到圓形，用成排的斗栱相托，層層昇起，各部位都佈滿了龍紋裝飾。最上層中心井底有木雕盤龍，嘴中啣著七顆懸在空中的寶珠，總體造型華麗而富貴。

三　紫禁城三大殿臺基

紫禁城太和、中和、保和三大殿坐落在同一臺基上。臺基共三層，漢白玉石築造，三層臺四周皆設欄杆，望柱頭上雕著龍和鳳，柱下有排水用的獸頭名為螭首，欄板上亦有雕飾，使石造臺基十分醒目。

四　北京天壇祈年殿屋頂

天壇祈年殿為皇帝祭天以求農業豐收的場所，始建於明永樂一八年（公元一四二〇年），後經清代改建為現在的樣子。大殿呈圓形，上有三層屋頂，下面坐落在三層圓形臺基上，以象徵天圓地方之說。三層屋頂皆覆以藍色琉璃瓦，表示天藍地黃。所以祈年殿從建築的形象到色彩都表現了祭天的特定內容。

五　天壇皇穹宇藻井

天壇皇穹宇是平時供奉『昊天上帝』牌位的殿堂，單層圓形，四周有裏外二層檐柱與金柱，柱間用弧形樑相連結，樑上安設一圈斗栱，層層向内挑出並向上昇起，組成圓形藻井，結構嚴謹，造型完整。整座藻井彩畫以青綠二色為主，上施金色龍紋，唯栱墊板塗以紅色與紅柱互相呼應，色彩十分華麗，為古建築藻井中的精品。

六　天壇皇穹宇立柱

皇穹宇殿内金柱在大紅底子上用金色瀝粉繪製盛開的花朵與捲草形枝葉，透蜿盤旋於整個柱身，紅底金花與青綠藻井相配，具有很強烈的裝飾效果。

七　江蘇蘇州網師園

網師園原為南京史正志的萬卷堂故址，清乾隆年間由宋宗元在其地改建為園林，為江南著名私家園林之一。江南園林與皇家宮殿不同，它追求的是一種寧靜平和的環境，建築用白牆、黑瓦，灰磚，褐色的樑架不施彩畫，四周配以堆石、綠樹，創造出一種淡泊優雅的意境，反映出古代文人的志趣。

八　蘇州留園五峰仙館內景

留園初建於明嘉靖年間，清嘉慶年間（公元一七九六至一八二〇年）改建為現在的形式，也是江南名園之一。五峰仙館為園內主要廳堂，是主人起居待客的重要場所，室內裝修很講究。館內正面用槅扇將室內分隔為前後部分，槅扇不用透空花格而用木板與白色玻璃填實；在褐色木板上用綠色刻寫文字，在彩白玻璃上繪製黑色的古銅鏡圖案，配以褐色硬木家具，形象古樸，色調高雅，與室外環境一樣，創造出一種清逸脫俗的意境。

九　蘇州留園花窗

園林建築的窗，形式比較活潑，或方或圓，或呈六角、八角形，窗上用各種式樣的花格裝飾，它們既起到採光、通風作用，又成為建築上很顯著的裝飾。

一〇　蘇州拙政園漏窗

在院牆上開設漏窗是江南園林常用的手法。江南園林多佔地不大，在有限的範圍要創造出多變化的景觀，往往採用院牆分割出不同景區的辦法。在單調的院牆上開設漏空的窗，不但可以減少實牆的封閉感，使不同的空間得以流通，而且也是園林環境裏的一種裝飾。白粉牆，花漏窗，綠樹翠竹，形影相配，成為江南園林中很有特色的一種景觀。

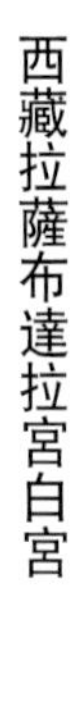

一一　西藏拉薩布達拉宮白宮

白宮位於布達拉宮的東部，高踞山巔，為達賴喇嘛居住的宮室，建於公元一六九三年。白宮高六層，外牆有很大收分，牆上開設梯形窗户，牆體下面四層為白色，頂上二層為紅棕色，紅牆上下用白點作邊，牆上掛有金色圓形法輪作裝飾，屋頂上有高起的鍍金銅製法幢。白宮整體造型敦實厚重，色彩強烈，在高原藍天襯托下，表現出西藏宗教建築特有的粗獷豪邁之美。

一二　布達拉宮白宮立柱

白宮門廊内的立柱，外形呈多角折形，上半部滿繪彩畫，内容有佛像和以蓮花為主的裝飾及藏文裝飾。佛像身上半披袈裟，它的服飾也與藏民服飾一樣帶有地方特色。立柱下半部在紅棕色的柱身上用兩條金色腰帶纏繞，帶上還有獸面作裝飾，整座立柱體態敦實，色彩濃重而華麗。

一三　西藏拉薩大昭寺法幢

大昭寺始建於公元六四七年，後經元、明、清歷代擴建。在寺的大門屋頂上有高起的金色法幢作裝飾，法幢為佛教法器，幢頂上有用獸頭挑出的風鈴，幢身上有突起的獸面、法器、藏文裝飾，它們象徵著佛法的勝利。

一四　大昭寺臥鹿法輪

大昭寺門廊屋頂的正中有臥鹿法輪作裝飾，法輪象徵法輪常轉，佛法無邊；兩邊臥鹿象徵衆生聽法，以致獸畜也能理解。法輪臥鹿皆為銅製鎦金，坐落在棕紅色的臺座之上，高踞屋頂，在藍天下金光閃閃，具有極強烈的裝飾效果。

一五　雲南勐海縣景真寺經堂

景真寺始建於公元一七〇一年，寺內經堂平面呈折角亞字形。紅色牆身上用銀色繪製佛塔、花莖、蓮荷等紋飾。經堂頂部為木結構做成重疊式的懸山頂，分列八角，從下到上，由大到小共分十層，總計有八〇個懸山面二四〇條屋脊，脊上排列著密集的陶製捲草紋裝飾。屋頂中央安置圓形屋蓋，蓋上立刹杆，杆上裝飾著銀片相輪。整座經堂造型玲瓏，色彩華麗。因經堂屋頂分為八角，故俗稱八角亭。

一六　雲南昆明塔中波頂部

塔中波位於昆明民族村西雙版納部份，它模仿德宏盈江縣允燕塔建造。塔身白色，坐落在亞字形塔基上，中央為主塔，高一七米，四周有四〇座小塔相隨。主塔外形為圓形覆盆式塔身，上有九層相輪，頂部為銀製塔剎。塔身上附怪獸及蓮瓣裝飾。在大小塔剎上共有三六〇多個銅鈴。銀白色的塔身在藍天襯托下，顯得安祥而華麗，象徵著佛國的純淨與繁榮。

一七　雲南景洪地區佛寺屋頂

景洪地區佛寺屋頂是整座建築裝飾的重點，在高聳的屋頂的各條脊上佈滿著陶製的動、植物裝飾。在正脊中央往往還立有剎杆，杆上有金屬製成的相輪和各種花飾。在屋頂山面的博風板上，用玻璃鏡片安在懸魚和檁子頭上作裝飾，使碩大的屋頂顯得很有生氣。

一八　景洪地區佛寺屋頂

這個地區的佛寺屋頂常將屋面分作幾個高低不同部份以打破屋頂的龐大呆笨感，然後在各條屋脊上安置陶製的動、植物，在正脊中央設立剎杆；在各層屋面的四角及中央部份又用植物與幾何紋樣作裝飾處理，而且喜歡用鏡片鑲嵌在這些裝飾中，在陽光照射下，這些鏡片閃閃發光，給屋頂增添了藝術表現力。

一九 新疆喀什阿巴伙加瑪札大門

阿巴伙加瑪札是伊斯蘭教一座著名的家族墓地，建於十七世紀，並設有四座禮拜寺。入口高出其他建築，設有尖拱券式大門，兩邊角有邦克樓式的尖塔，外牆滿貼琉璃瓷磚，藍色底子上有白色花紋，內容為卍字、捲草和阿拉伯文字。此類大門從形式到裝飾都具有伊斯蘭教寺院建築的典型風貌，造型十分華麗。（李東禧 攝影）

二〇 阿巴伙加瑪札大禮拜寺天花藻井

禮拜寺為平頂建築，因此寺內天花藻井多呈平面狀，上下起伏不大。天花四周用方圓形盒子裝飾，盒子內繪有山川風景和植物花卉兩種內容，相互交替排列。中央部份為藻井，在紅色底面上用金色木條分割成塊，並以卍字為主要紋樣，間以植物枝葉花卉，組成大面積的裝飾圖案，形象十分華麗。（李東禧 攝影）

二一 北京牛街清真寺禮拜堂

牛街清真寺始建於明宣德二年（公元一四二七年），清康熙年間重修，為北京四大清真寺之一。殿內在柱子之間設有拱券罩多層，使室內空間更顯深奧。室內裝飾除在樑枋上用旋子彩畫外，其餘部份皆用伊斯蘭教常用的阿拉伯文字和攀枝西蕃蓮植物花飾，在大紅底子上用瀝粉起金線繪製花紋，創造出十分富麗輝煌的室內環境。

二二　廣東廣州陳家祠聚賢堂

陳家祠為廣東七十二縣陳姓家族的合族祠堂，因為一直是陳姓子弟讀書之地，故又稱陳氏書院。祠堂建於清光緒二〇年（公元一八九四年），規模很大，有前後三進，左右三路，共有九座廳堂，尤以精湛的裝飾工藝著稱於世。它廣泛採用了木雕、石雕、磚雕、灰塑、陶塑、壁畫等不同工藝為裝飾手段，結合建築各部位特點有重點地加以應用，所以雖然裝飾品類多，內容豐富，但在總體上有章有序並不顯得零亂。

二三　陳家祠昌嫣門頭

昌嫣門為陳家祠正面的旁門。石造門券，門上屋檐下為磚雕裝飾，內容有獅、蝦、螃蟹及各種植物、幾何紋樣，雕功很細。檐上一排綠色琉璃瓦，瓦面上為灰塑屋脊，中央是一整塊裝飾，裏面雕著完整的戲曲場面。脊上有一文官站立在獸頭上，左右有雙獅相護，在兩面廳堂山牆的夾峙下，這個門頭裝飾顯得很突出。

二四　陳家祠大門抱鼓石

抱鼓石是大門下面承托門軸基石上的裝飾，它位於基石之上，緊靠著門邊框柱，起到扶持柱子的作用。但是在這裏的抱鼓石已經不在門柱的前面而成了一種純粹的裝飾石雕了。基座為須彌座形式，束腰部份雕有人像，座上用雲水紋承托著石鼓，鼓上排列著整齊的鼓釘，并有獸頭作裝飾，鼓體高大，但因為雕刻細緻，鼓身扁薄，所以并不顯得笨重，在大門兩邊起到護衛與裝飾作用。

二五　陳家祠欄杆

陳家祠廳堂前後設柱廊，柱間多用欄杆。石造欄杆仍做出木欄杆的形式，兩邊有望柱，上設欄杆扶手，欄板上有兼柱，下有地栿。除望柱外，在欄杆各部分皆附以人物、植物的雕刻裝飾，而且多用高浮雕手法，主題突出，具有很強的裝飾效果。

二六　浙江建德新葉村文峰塔與文昌閣

文峰塔建於明萬曆二年（公元一五七四年），是當地的一座風水塔。三百年後的清代後期又在塔的下面建造了文昌閣，為祭祀文昌帝君和族中子弟讀書的地方。所以文峰塔、文昌閣成了新葉村裏重要的公共性建筑。白牆黑瓦的寶塔、樓閣豎立在開闊的田野上，四周綠的秧苗，黃的菜花將一塔一閣襯托得如此醒目。這種空間環境的色彩是城市裏不可能見到的，這種鄉土建築所特有的裝飾效果也是城市建築所沒有的。

二七　文昌閣山牆裝飾

文昌閣除講究整體造型外也注意局部的裝飾。閣身兩邊為跌落式的封火山牆，牆頭有翹起的屋脊，牆檐下用黑、灰二色在白粉牆上繪製房屋、山水、植物紋樣，山牆墀頭處做出魚和雞的裝飾，這種生動活潑的形象在城市建築上尚不多見。

二八　文昌閣木雕裝飾

文昌閣木構樑枋上也佈滿木雕裝飾。樑頭雕有雲水紋，樑上潛伏著變異的龍紋，樑下雀替用迴紋作輪廓，裏面用人物、植物作內容，樑枋不作彩畫而露出木料本色，形象樸素而又有豐富的內容。

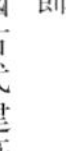

屋頂裝飾

中國古代建築以木構架為結構體系，所以房屋的屋頂體量較大，成為建築很重要的一個部份，因而也是建築裝飾集中的部位。古代工匠在長期實踐中，不但創造了衆多的屋頂整體形象，而且還將屋頂上的各個構件加工成為式樣多彩的裝飾，極大地增強了建築的藝術表現力。

二九　河北承德普陀宗乘之廟萬法歸一殿屋頂

普陀宗乘之廟建於清乾隆三二年（公元一七六七年），其形制仿照西藏布達拉宮，但其主要建築的屋頂仍採取四面坡或六角攢尖的漢族傳統屋頂形式。主殿萬法歸一殿及其周圍群樓皆鋪以鍍金銅瓦，魚鱗形的瓦片，在屋脊和寶頂上都有幾何形與動植物形象的裝飾，連屋脊上的走獸也帶有幾何迴紋的形象。

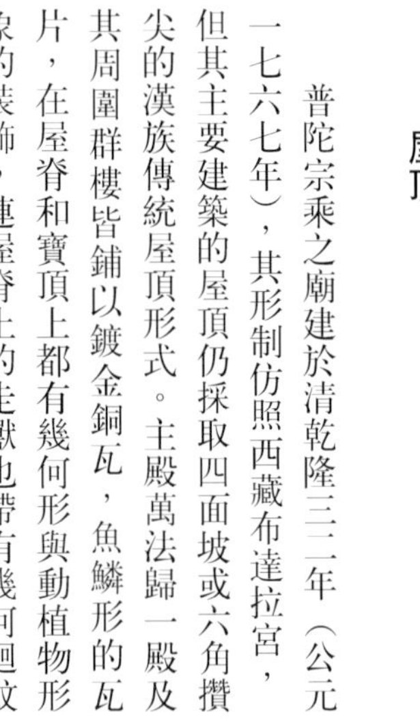

三〇　承德普寧寺大乘閣

普寧寺建於清乾隆二〇年（公元一七五五年），是一座漢藏混合形式的佛教寺廟。在寺廟後部有一組按佛教宇宙觀佈置的建築群組，四周有藏式的平頂建築和喇嘛塔圍繞著中心的大乘閣，象徵著四大部洲與八小部洲圍繞著中心的須彌聖山。大乘閣內供奉著千手千眼觀音像，所以閣的體量十分高大，屋頂採用五個四方攢尖頂組合形式來代表須彌聖山，它高高地豎立在建築群體之上，以豐富的整體造型與周圍的平臺建築，以黃色屋頂、深色屋身與四周平臺白牆形成對比，充分體現了須彌聖山的象徵作用。

三一　北京紫禁城角樓

紫禁城城牆的四個角上各建有一座角樓，它的功能是作瞭望與警衛之用。平面呈曲尺形，屋頂為三重檐，最上層由一個攢尖頂與四個歇山頂組合而成；中層為四個歇山頂；下層為中層歇山頂的腰檐。屋頂全部覆以黃琉璃瓦，中央為一金色寶頂。整座角樓屋頂有七二條屋脊，縱橫相連，多角交錯。在這裏，角樓的藝術形象作用超過了它的實際功能，而屋頂又成為藝術形象的主要部份，它在陽光下金光閃閃，在灰暗的城牆上，在護城河的掩映下，形象十分鮮明突出。

三二　北京天壇雙亭

圓形攢尖式屋頂多用在園林建築上，形式比較生動。這裏的雙亭平面呈二圓相交，上面的重檐圓形屋頂也做成兩圓相交。屋頂上層用藍色琉璃瓦覆頂黃琉璃瓦剪邊，中心為黃色寶頂，而下層則用黃瓦覆頂藍瓦剪邊，正與上層相反，使雙亭從形象到色彩都具有生動活潑的外貌。

三三　福建福州湧泉寺鼓樓屋頂

湧泉寺始建於五代，但建築為清代重建。大殿兩側的鐘鼓樓為三層閣樓，歇山式屋頂，下兩層皆出腰檐，四面屋角起翹甚高，屋角下用繪有捲草紋的木板裝飾著角樑，屋角上也用捲草紋飾代替了走獸。三層屋頂十二個屋角加上正脊兩頭都高高翹起，直衝藍天，使整座樓閣都變輕巧了。

三四　雲南賓川雞足山祝聖寺鐘樓

祝聖寺建於清代，鐘樓位於大殿東側，二層閣樓式，歇山屋頂，上下二層屋檐，屋頂坡度平緩，出檐深遠，整個屋檐形成一條曲線，而且上層檐曲度略大，下層更趨平緩，形成十分有彈性力度的曲線組合，使整座建築造型舒展，充分顯示了屋頂造型對建築整體形象的重要作用。

三五　上海豫園戲臺

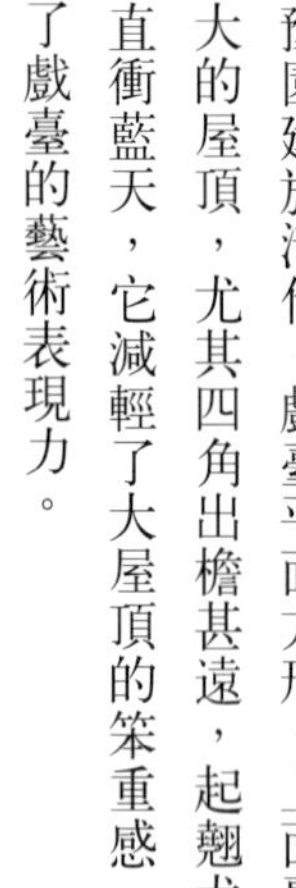

豫園建於清代，戲臺平面方形，上面覆有很大的屋頂，尤其四角出檐甚遠，起翹尤高，直衝藍天，它減輕了大屋頂的笨重感，增添了戲臺的藝術表現力。

三六　浙江蘭溪諸葛鎮大公堂大門

大公堂是諸葛家族供奉先祖諸葛亮的宗祠，三進院落，廳堂高敞，規模不小，因而祠堂大門造型也很宏偉。在三開間的前廳中央突起一座牌樓作為大門，左右立柱，上面用三樓式歇山屋頂，屋角起翹很高，與兩旁山牆屋脊相映成趣，組成頗具表現力的祠堂形象。

三七　貴州從江縣鼓樓屋頂

黔東南地區從江縣侗族居住村落幾乎村村都有鼓樓，它是侗族百姓集會、休息、娛樂、交往的公共場所。鼓樓造型很像密檐式佛塔，屋頂由多層密檐相疊，上面又加一攢尖式刹頂。講究的屋頂在每一層密檐的封檐板上都有彩繪。屋角還有挑出的裝飾，頂部更是裝飾的重點部位。密集的斗栱承托著攢尖屋頂，屋檐下有戲曲人物在表演，屋脊上也有各式裝飾，尖頂上還立有刹杆。裝飾的內容有人物、動物、植物花卉，西遊記的唐僧、孫悟空、豬八戒，八仙中的張果老、藍采和，傳統戲曲和民間故事不拘一格，隨意繪製，充分展示了生動活潑的民間藝術在建築裝飾中的地位，使鼓樓真正成為百姓喜愛的藝術形象。

三八　河北承德須彌福壽之廟妙高莊嚴殿金頂

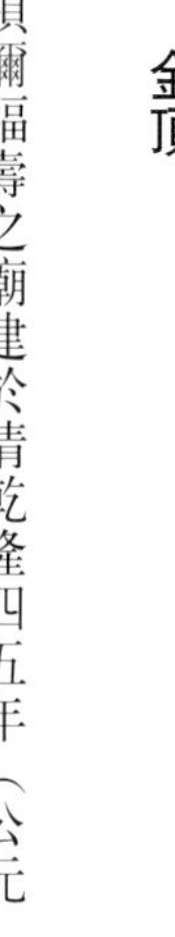

須彌福壽之廟建於清乾隆四五年（公元一七八〇年）。妙高莊嚴殿位於寺廟紅臺中央，為最主要的主體殿堂。重檐攢尖屋頂全部覆以鍍金銅瓦，最具特點的是在四條屋脊上爬伏著八條金龍，四條面朝外，處於屋脊下端；四條面向上，聳擁著中央的寶頂。這種用真正的龍體代替了慣用的走獸安放在屋脊上作裝飾，在皇家建築上很少見到。

三九　上海豫園建築屋頂

此處屋頂用灰瓦灰脊，色調雖單一，但形象比較豐富。正脊兩端是常見的龍頭魚身鴟吻，脊身用瓦片透空砌造，中央有高出的人物塑像，垂脊也呈透空狀，脊端用人像代替走獸，形式比官式建築活潑。

四〇　廣東佛山祖廟大殿屋脊

祖廟是當地著名的道教建築，始建於北宋元豐年間（公元一〇七八至一〇八五年），明代重建，現存建築多為清代建。祖廟建築以裝飾精巧著稱，大殿屋脊用石灣陶瓷製作，塑造出各式戲曲人物，形象生動，尤其是人物後面的房屋，工匠在歇山、捲棚等傳統形式的基礎上作了變形與誇張，使整條屋脊裝飾具有浪漫主義氣息。

四一　寺廟大殿屋脊

四二　寺廟大殿屋脊

四三　寺廟大殿屋脊

四四　寺廟大殿屋脊

四川、廣西、浙江等地寺廟大殿的屋脊多喜用龍作裝飾。龍作為專制皇帝的象徵本不許在地方建築上應用，但龍又是中華民族的統一圖騰標誌，因而也無法禁止它在民間的使用。在各地寺廟建築的屋脊上，它們完全不受宮廷建築衹能用正吻形式來表現龍形象的限制，有的將龍體放在正脊之內，有的將龍遊弋於脊上，常用二龍對著中間的寶珠，龍身周圍有雲紋作底或加雙魚作伴，寶珠還帶有火燄紋或鑲以鏡片，在高高的屋脊上展現出一幅雙龍戲珠的場面，形象生動活潑，完全超脫了宮廷建築常規的形式。

四五　四川灌縣青城山建築屋頂

四六 灌縣青城山建築屋頂

青城山是道教勝地，這裏的建築具有濃厚的地方特色，尤其表現在建築裝飾上。一條屋脊不僅本身繪製著各式花草，屋脊之上更有龍、鳳、獅子、大象、老虎、白兔等獸類隨意佈置，有的甚至跑到屋面中間來了。屋頂成了一座舞臺，工匠可以在上面廣施才能。

四七 雲南景洪地區寺廟屋頂

四八 景洪地區寺廟屋頂

這裏的寺廟屋頂體量大，很注意整體形象的塑造和細部裝飾的點綴。在正脊上往往排滿了陶製裝飾，在脊中央有一高高的刹杆作為重點形象。刹杆下的屋面用捲草紋形成刹杆的基托，刹杆本身下有須彌座，中間有時作成寶塔形，頂上有多層相輪，它像佛塔上的塔刹一樣，具有佛教的象徵意義。

四九 浙江寺廟屋頂

五〇 浙江寺廟屋頂

屋頂正脊兩端的鴟吻稱為龍子之一，實際上是龍的頭，魚的身，龍頭在下張口吞脊，魚尾朝上，鴟吻放在屋頂最高處有滅火防災之意。但鴟吻形式在各地建築上千變萬化，有的魚身挺直，有的彎曲，工匠可以隨意創造。屋頂垂脊頂端也不一定都是走獸，不少建築都在這裏塑造了各式人物像，有文臣在上面説唱道白，有武將騎著戰馬，手持刀斧在上面廝殺，形象都極為生動，而且它們有的竟跑到屋面中心來進行表演了。

五一 四川灌縣二王廟殿堂屋角

二王廟是紀念古代著名水利工程都江堰開創者李冰父子的祀廟，始建於南北朝，現存建築為清代重建。建築依山而立，高低錯落，房屋翹角形式多樣，其上裝飾也引人注目，有的將蝙蝠連續使用，正反相間，生動活潑，極富地方特色。

五二 浙江普陀普濟寺大殿屋頂翹角

普濟寺為南普陀三大佛寺之一，初建於北宋，清雍正九年（公元一七三一年）重建大殿，飛檐翹角，巍巍大觀。屋角由老角樑與仔角樑構築，再在角樑上用灰磚塑造尖角直插天際；角脊上排列走獸，上下兩層翹角相伴而立，形象挺拔而豐實。

五三　四川成都寶光寺大殿屋頂

寶光寺是當地三大伽藍之一，現存建築為清代所建，建築裝飾極富民間色彩。大殿屋頂四條戧脊上佈滿裝飾，人物、動物、植物、器皿不拘一格，茶壺茶碗、筆筒煙袋、堆石盆景應有盡有；而且四條脊外形雖統一式樣，但裝飾內容卻不相同，供觀者仔細欣賞，趣味無窮。

五四　雲南景洪寺廟屋頂

景洪地區南傳佛教的寺廟建築，從整體形象到裝飾都帶有明顯的地方特色。屋頂戧脊、垂脊上排滿了陶製捲草紋裝飾，在脊的頂端立有一隻小獸作為結束，小獸頭上有角，尾部有長羽，張嘴高鳴，形似鳳鳥，形象十分生動。

五五　河北承德普陀宗乘之廟萬法歸一殿屋頂裝飾

萬法歸一殿屬皇家修建的宗教寺廟，因此在屋頂的四條脊上仍用走獸裝飾，按朝廷規定，此等殿堂可用走獸七隻，分別為龍、鳳、獅、天馬、海馬、狻猊、押魚，由前往後按序排列，但走獸前面的仙人和後面脊上的戧獸在這裏被塑造成迴紋形式的獸頭，這是與官式建築不同的。

五六　四川寺廟屋頂裝飾

屋角出檐深遠，坡度平緩，角端用獸頭裝飾，脊背用灰塑迴紋，外表貼陶片，色調素雅，造型簡潔而舒展。

五七　河北承德普陀宗乘之廟萬法歸一殿屋頂寶頂

屋頂幾個面相匯集的交點稱為寶頂，是屋頂裝飾的重點。萬法歸一殿位居大紅臺中心，為全廟最主要建築，四面坡攢尖屋頂，全部覆以鍍金銅瓦。四條脊上用連續幾何迴紋裝飾，它們自四面向上集中到頂部組成一個小平臺，臺上實體形如喇嘛塔，下有二層基座，座上有圓形塔身，其上相輪部份作成高頸覆盆狀，頂上為如意紋組成的塔刹。基座及塔身上皆刻有蓮花等植物、幾何紋及佛教法器裝飾，全部鍍金，整座寶頂造型端莊而華麗。

五八　雲南昆明塔中波塔刹

塔由中央主塔與四周四〇座小塔組成，每一座塔的頂端皆罩有一座鍍銀金屬片製成的刹罩。主塔刹罩造型特別豐富，由多層圓圈相疊而成，從下到上，由大而小組成圓錐形式。每層金屬圈上都有雕花金屬片作裝飾，罩下掛有風鈴，罩外分別從四個方向生出金屬小風葉。金屬塔刹猶如一頂華麗的皇冠戴在塔頂之上，在陽光下銀光閃爍，與潔白塔身相配給人以清淨純麗之美感。

五九　江蘇鎮江慈壽塔塔刹

江天寺慈壽塔位於金山之巔，居高臨下，成為鎮江市的標誌。塔為八角形七層樓閣式，塔頂有一高聳的塔刹。塔刹下為基座，座上七層相輪相疊，上覆圓形寶蓋，蓋上又加一葫蘆形體作為結束。相輪外圍伸出八根挑桿，下懸風鈴與塔頂的八角屋脊相對應；挑桿上有鐵鏈分別與八根屋脊相連以加強塔刹的穩定性。

六〇　北京天安門城樓屋頂山花

中國古建築歇山、硬山式屋頂的左右兩面皆有山花牆面，通常都進行裝飾處理，它們也是屋頂裝飾的重要部份。天安門城樓為重檐歇山屋頂，在屋頂山花上進行了重點裝飾，紅色山花板上用金色塑出金錢紋與綬帶組成的圖案，象徵著國力亨通，財力不盡。用七顆金釘組成花紋勻佈在博風板上，從內容到形式都體現了皇家建築的裝飾特點。

六一　瀋陽故宮崇政殿山牆裝飾

崇政殿為清初朝廷舉行重要禮儀的殿堂，建築形式雖不講究，但在建築的上上下下都用龍紋裝飾以顯示建築的重要等級。在硬山式的房屋上用琉璃磚瓦鑲嵌著垂脊、博風與墀頭，在垂脊和博風板上，一條龍接著一條龍，龍頭前皆有火燄寶珠，形成一幅群龍戲珠的長卷，彷彿一條彩帶裝飾在山牆面上。

六二　上海沉香閣屋頂裝飾

沉香閣為一座著名佛寺，主要大殿為二層樓閣，歇山式屋頂。小小的歇山面卻進行了精心的處理，在黃色底面上，塑出白色博風板與如意形懸魚，上面有青黑色的勾頭滴水；前後垂脊在黑色邊框內有灰色花朵裝飾；中央用寶瓶支托著正脊上的鴟吻；色彩僅用黑、白、灰、黃，素雅而又醒目，各部份比例恰當，造型細緻。

六三　雲南大理白族民居山牆

白族民居多用硬山式屋頂，兩頭山牆常作裝飾處理。用一段腰檐將山牆分作上下兩部份，上部在灰色底子上用白線分割出六角龜背紋，在中心懸魚處畫出捲草花朵作為重點裝飾。腰檐下平列有五幅字畫，下部是白灰牆面，整面山牆構圖有序，色調平和。

屋檐下裝飾

屋檐下的裝飾有樑架上的彩畫，支撑出檐的撑栱、牛腿和角樑以及懸掛在檐下的匾聯等。它們多是由房屋的構件經過藝術加工而形成的一種裝飾，它們比起屋頂上的裝飾，遠望雖沒有那麼顯著，但近觀卻比屋頂部份清楚而明確。

六四　北京紫禁城皇極殿彩畫

皇極殿為紫禁城重要宮殿之一，在它的樑枋上用的是最高等級的和璽式彩畫。此類彩畫的形式是將樑枋分為枋心和左右的藻頭、箍頭三個部份，裏面全以龍紋作裝飾，以藍、綠二色作底，上面用金色瀝粉繪製龍紋。樑枋之間的墊板用紅色作底繪以金色紋樣，因此總體效果金碧輝煌。

六五　北京團城承光殿彩畫

團城承光殿建於清代，亦屬皇家建築，但不屬皇宮內主要殿堂，因此檐下用的是旋子彩畫，這是僅次於和璽彩畫的類型。它的特點是枋心兩邊用旋子作裝飾而不用龍紋。旋子彩畫根據用金的多少和枋心中所用的不同圖案又分為若干等級和不同類別。承光殿用的是墨線大點金龍心旋子彩畫，屬於中間等級。

六六　北京紫禁城倦勤齋彩畫

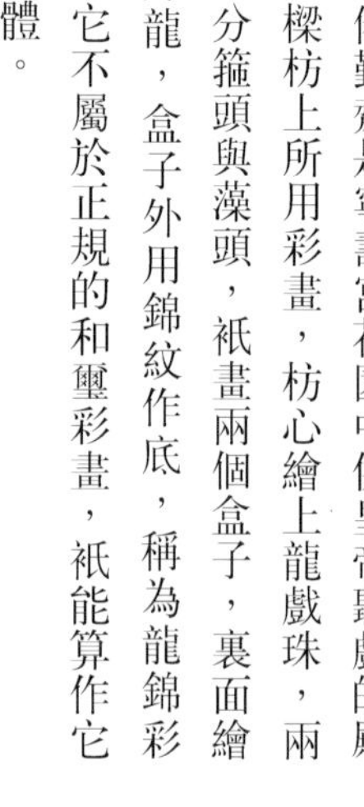

倦勤齋是寧壽宮花園中供皇帝聽戲的殿堂，梁枋上所用彩畫，枋心繪上龍戲珠，兩側不分箍頭與藻頭，祇畫兩個盒子，裏面繪著昇龍，盒子外用錦紋作底，稱為龍錦彩畫，它不屬於正規的和璽彩畫，祇能算作它的變體。

六七　北京頤和園玉瀾堂彩畫

玉瀾堂屬於皇家園林建築，檐下採用蘇式彩畫，它是明、清彩畫的另一種類型。它與和璽、旋子彩畫不同的是將檐下的檁子、墊板、梁枋連作一體作為彩畫載體，中心是包含三者的一個半圓形大包袱，包袱內可繪製各種內容的畫幅，包袱外用盒子、植物花卉作裝飾，兩頭用幾何形的卡子作結束。這類彩畫內容多樣，無一定格式，形式比較自由，多用於園林建築。

六八　瀋陽故宮文溯閣樑枋彩畫

文溯閣是專供儲存四庫全書和供皇帝讀書的殿堂，建於清乾隆四六年（公元一七八一年）。其檐下用的是蘇式彩畫，在檁、墊、枋上用直角折線形包袱，包袱中繪有『白馬馱書』的圖畫，在包袱以外用透視形的書函作裝飾以表現建築的特定性質。彩畫色調以藍、綠為主，衹在包袱以外的墊板部份有兩小塊紅底上繪著藍色龍紋，在色彩上起到點睛的對比作用。

六九　瀋陽故宮嘉蔭堂戲臺彩畫

嘉蔭堂戲臺建於清乾隆四六年（公元一七八一年），雖為宮殿建築但屬戲臺類，因此採用較生動的蘇式彩畫作裝飾。這裏的彩畫中心仍用枋心而不用包袱，但枋心內和枋心兩邊都以人物故事、植物花卉作裝飾而不用龍紋和旋子，所以仍屬蘇式彩畫類型。

七〇　北京雍和宮永康閣彩畫

雍和宮為北京最大的喇嘛教寺廟，建於清康熙三三年（公元一六九四年），因雍正皇帝死後曾在寺中停靈，所以它成了皇宮一級的寺廟建築。永康閣位於主要殿堂萬福閣的東側，屋頂全部用黃色琉璃瓦，檐下樑枋上用的是墨線大點金旋子彩畫，彩畫枋心上層用龍紋，下層用藏文作裝飾，一方面表現了皇家建築的等級，另一方面又帶有喇嘛佛教的內容。二層腰檐用如意紋組成帶狀裝飾，整座閣樓檐下裝飾金光閃閃，無比華麗。

七一　瀋陽昭陵隆恩殿檐下彩畫

昭陵為清太宗皇太極的陵墓，建於公元一六五一年。大殿檐下用旋子彩畫，枋心中用龍紋、花草或山水風景。檐下柱頭上的獸面裝飾帶有藏族建築風格，反映了清代早期建築裝飾的特點。

七二　上海豫園戲臺檐下裝飾

豫園戲臺檐下樑枋上不用彩繪而用木雕作裝飾，將戲曲人物組成一幅幅完整的畫面放在樑枋上。樑下面還另設雕花掛落，整段樑用兩根垂柱分割，垂柱下用花籃承托。暗紅色的底，金色的雕飾，它們與彩畫一樣具有很強的裝飾效果。

七三　雲南賓川雞足山祝聖寺鐘樓檐下裝飾

地方建築上的彩畫往往與官式的規定不完全符合，祝聖寺鐘樓檐下彩畫應屬於旋子彩畫類型，但其上的旋子卻大小不均，組合不密，隨意性較大，連上下兩層封檐板上都畫滿花飾，使整個檐下五彩繽紛，熱鬧異常。

七四　北京頤和園東宮門彩畫

七五　北京雍和宮大殿彩畫

中國建築的彩畫喜好而且也善於用金色裝飾。和璽彩畫中的龍紋，旋子彩畫中的花心、菱心多用金色描繪。彩畫根據用金色的多少而分出高低檔次，講究的彩畫連捲草、幾何紋、分界線腳都用描金。金色黃而帶光澤，它與冷暖色彩都能相配而不顯唐突，它在暗處閃閃發光，極富表現力，與其他色彩組合能產生金碧輝煌的效果。

七六　北京紫禁城皇極殿屋角

中國古建築的屋角既向外挑出又向上舉起，它依靠屋角的兩層角樑與檐椽、飛椽將屋角高高舉起，形如飛鳥之翼，故有飛檐翼角之稱。皇極殿作為紫禁城的重要宮殿，在樑枋、角樑、椽子上都施以彩畫，在綠色、藍色底子上用金色繪以龍紋和花卉、捲草，從樑身到每一條椽子的上下左右無不繪滿彩畫，翼角飛椽，金碧輝煌。

七七　四川成都寺廟建築撐栱

七八　成都寺廟建築撐栱

七九　成都寺廟建築撐栱

八〇　成都寺廟建築撐栱

古代建築木結構屋頂都有較深的出檐，在重要的宮殿、寺廟等大型建築上多用斗栱挑托屋頂的出檐，而在一般地方建築上則用簡單的斜撐支撐檐部，這種斜撐經過加工而成為裝飾，稱為撐栱或者牛腿，裝飾內容有人物、動物、植物、器皿、雲水等，多在構件的大小範圍內用深淺雕刻加以組織並施以色彩，具有很強的裝飾效果。有的殿堂在同一屋檐下，幾根撐栱雕刻內容各不相同，更顯豐富多彩。

八一　江西景德鎮祠堂撐栱

一老翁手持羽扇，身騎帶鹿角的黄牛，行步在松樹之前，下有鳳鳥和如意雲朵相托，小小撐栱表現出了衆多的內容。

八二　四川雲陽張桓侯廟戲樓撐栱

在撐栱上也表現獅子滾繡球，這裏的獅子頭朝下，身子彎立向上，支撐著檐枋，為了適應構件的外貌，獅子形象也作了變異的處理。

八三　雲南麗江寺廟建築挑檐木

八四　雲南景洪曼孫滿佛寺挑檐木

承托出檐有時不用撑栱、牛腿而直接將樑枋伸出柱頭外挑托起檐枋檐檁，這類樑枋的出頭經過加工而成裝飾，迴紋、曲線紋隨意組織，上面繪以彩畫，既簡潔又富有裝飾效果。

八五　廣西侗族民居垂花柱

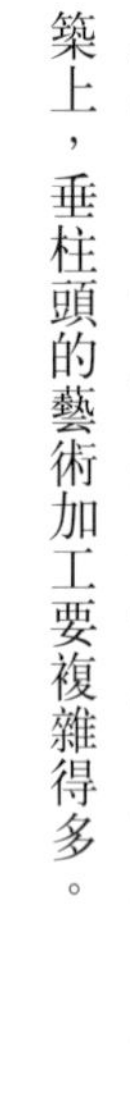

八六　四川灌縣二王廟建築垂花柱

樑枋上設短柱不落地稱為垂柱，柱頭加以裝飾成為垂花柱。垂花形式多樣，變化無窮，在一般民間居住建築上則將柱頭略為加工，做成幾何形、花瓣、葫蘆、燈具等形狀，柱頭保持原木本色而不施彩畫，形象自然生動，極富生活氣息。而在寺廟、祠堂建築上，垂柱頭的藝術加工要複雜得多。

八七　北京西黃寺院門垂花柱

八八　上海豫園戲臺垂花柱

八九　福建福州祠堂垂花柱

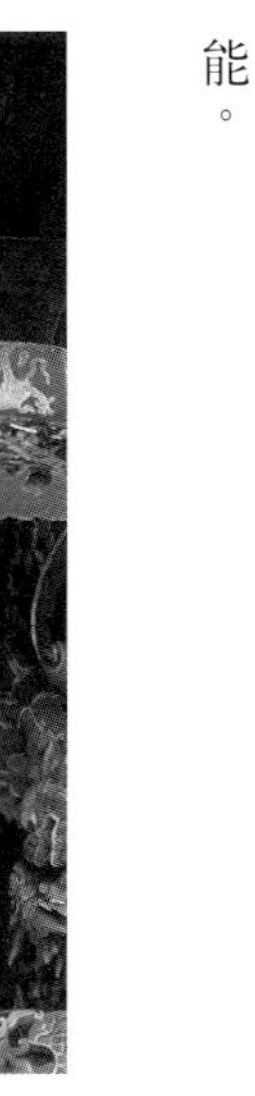

九〇　山東煙臺福建會館垂花柱

垂花柱頭既為垂花，因此複雜者多做成花籃形狀，有的直接將柱頭雕成花籃，有的將木雕花籃安裝到垂柱頭上。花籃不但盛滿花朵，而且本身也加雕飾，更複雜者在花籃的四面或者六面、八面又加進人物、房屋、山水、植物的場景。表現手法也由浮雕發展到立雕、透雕，由單色發展到五彩繽紛。小小垂柱頭，幾乎傾注了工匠的全部智慧與才能。

九一　四川峨嵋山萬年寺大殿匾聯

九二　四川灌縣二王廟大殿匾聯

九三　北京頤和園諧趣園洗秋水榭匾聯

九四　浙江杭州淨慈寺大殿匾聯

建築上懸掛匾聯是中國古代的傳統做法，橫匾都掛在建築的正中檐下，它的內容通常有兩個方面，一是書寫建築名稱，即殿名匾，如淨慈寺的『大雄寶殿』，頤和園的『洗秋』榭。二是對房屋建築或者環境和建築主人的頌揚讚美，如萬年寺大殿上的『巍峨寶殿』並非殿名而是讚美此殿的宏偉氣勢；二王廟大殿的『恩澤長流』是頌揚李冰父子建造都江堰造福後代功德無量。除橫匾外，還在柱子上懸掛對聯，木製聯楹上書寫文字，其內容皆為對環境意境的描述，或對人物的頌揚。洗秋水榭柱子對聯上書寫的是『宮徵山川金鏡裏』，『丹青雲日玉壺中』，形容這裏的環境山川如歌映照在明鏡，雲日如畫投射於玉壺之中。萬年寺大殿柱上對聯寫的是『鼎建刹竿震旦明山開覺地』，『重新寶樹峨嵋大士再通天』，稱頌寺院的建立使遠近開化，峨嵋僧人能通天理。匾聯並非建築物上構件而是懸掛在建築上的它物，但它的內容與建築密切相聯，形式又十分講究，書法、色彩、材料、做功都推敲甚細，它已經成為建築上不可分割的一個部份，具有十分明顯的裝飾功能。

門窗裝飾

中國古代建築多以群組形式出現，多座房屋常以院牆相圍而成為建築群，所以門和窗有建築群體的門窗和單幢房屋本身門窗的區別。前者多為開設在園牆上的院門、院窗，大的如北京紫禁城的午門、太和門，小的如四合院住宅內的垂花門。由於中國建築是以木構架為結構體系，牆身不承重，所以房屋本身的門窗很多採用槅扇的形式，兩柱之間，多扇相列。有的宮殿、寺廟的殿堂樓閣整面牆都是這種槅扇門窗。門與窗與人接觸最多，觀賞也最方便，所以成了裝飾的重點，從它們的整體形象到局部構件往往都經過加工而成為裝飾。

九五　北京紫禁城皇極門

紫禁城內有大大小小許多建築群組成的院落，隨著建築群的大小也產生了不同形式的院門。皇極門是寧壽宮建築群的院門，地位重要，因此採用了牌樓式的院牆門。在高大的院牆上用琉璃瓦在三個門洞上做成三間七樓加垂蓮柱的牌樓形式，屋頂完全模仿木結構式樣，有出檐、斗栱、檁枋，上面還用琉璃磚拼出彩畫裝飾，門下有石造須彌座，門前還放置水缸四隻，整座大門華麗而莊嚴。

九六　紫禁城齋宮門

齋宮也是紫禁城內重要的建築群，是皇帝每年祭天地之前食齋的住宿之地。院門高出院牆，左右三開間，上覆歇山屋頂，但祇有中央開間安板門出入，左右開間做成封閉的影壁，比中央部份矮小，對大門起烘托的作用。門前左右放置水缸，在這裏，儲水救火用的水缸實際上成了起裝飾作用的擺設。

九七　北京天壇皇穹宇院門

還有一種院牆門是在院牆上做出突出的門洞，三個門洞組成一體，門洞上分別有屋頂，整體比例端莊。皇穹宇院門用灰磚砌造，下有白石基座，漢白玉石發券門洞，門上綠色的樑枋、斗栱，頂上覆藍色琉璃瓦，色調清麗，與天壇其他建築保持同一風格。

九八　北京北海西天梵境院門

這裏的院門與天壇皇穹宇院門十分相似，也是在院牆上用突出的三個門洞，但在三門洞的兩旁各加了一段矮影壁，影壁上滿佈琉璃花飾。此外，這裏用的是紅牆白臺基，黃色琉璃的檐部與屋頂，整個色調熱烈而濃重。

九九　北京頤和園東宮門大門

皇家建築的大門多用板門形式。板門由木板左右拼合，後面加橫串，用釘子將木板與串相連，在門中央安門環，稱為『鋪首』。這些有功能作用的釘子和門環經過加工都成了裝飾，而且以釘頭的多少，門上顏色的不同來區分建築的高低檔次。皇家宮殿大門紅門金釘金鋪首，門釘九排九路共八一枚，這是建築中最高等級的大門。

一〇〇　頤和園智慧海佛殿大門

智慧海是頤和園內一座佛殿，它是全部用磚築造的無樑殿，殿身外牆滿貼琉璃面磚，每塊磚上均有一菩薩坐像，黃綠二色的琉璃使整座建築十分華麗。佛殿大門開在底層中央，用漢白玉石發券，券石上有植物雕飾，券下安紅色大門，券門兩肩有綠色琉璃捲草紋，券上方有『智慧海』的石刻匾名，在黃綠色的殿身上，大門顯得很醒目。

一〇一　北京雍和宮天王殿歡門

這是一種門上用尖券形式的門，常用在寺廟的山門或天王殿大門上。尖券外邊用捲草紋裝飾，券門仍用有門釘的板門。紅色牆面，金色裝飾，色彩鮮明而華麗。

一〇二　北京頤和園内院垂花門

垂花門是一種用在建築群内院的院門，北京四合院住宅内院多用此種形式。它的造型特點是門的頂部高出院牆架在立柱上，前面挑出柱外，左右有兩根不落地的短柱垂在空中，故名『垂花門』。門的裝飾集中在檐下的彩畫，門上有門簪、鋪首和門枕石，但最具特色的還是垂柱下端的垂花。

一〇三　頤和園垂花門裝飾

這裏的垂花既不像鄉間民居那樣簡潔，又不如地方寺廟、祠堂的垂花那麼繁雜，它真像一朵花，但又不是某一種自然花朵的寫實。它是經過圖案化了的式樣，用一圈仰覆蓮瓣作為花托，上面是火燄紋式的花蕊，組成一朵盛開的鮮花倒置在柱頭上，色彩絢麗，成為門上的重點裝飾。

一〇四　北京紫禁城寧壽宮殿内垂花門

垂花門也被用在宮殿建築的室内，在紫禁城太和殿、乾清宮裏都有此類門頭。門的上方用木料做成垂花門的形式，樑枋下有短柱垂下，每一根短柱下都有垂花柱頭。門頭頂部捨去坡面屋頂而用皇冠式的門頭作裝飾。在門的垂柱、樑枋以及屋頂各部份都雕滿了龍紋。整座門頭滿塗金色，但整體造型没有户外垂花門那麼端莊合宜。

一〇五　瀋陽故宮便門局部

小小一座便門，也在它的各部位進行了很好的裝飾。樑枋上畫彩畫或用木雕，枋子出頭做成獸形，博風板頭用圓形結束，裏面雕著一條龍遊弋於雲海之中，紅底金紋，十分醒目。

一〇六　北京頤和園東宮門上裝飾

門上的門簪是固定門上連楹木的木栓頂頭，根據門的大小有兩個與四個之分，將它們略為加工，外形做成四方、六角、八角，上面刻寫吉祥字語或加以雕飾即成為門上很好的一種裝飾。

一〇七　浙江普陀梅福禪院院門

普陀是中國四大佛山之一，島上擁有三大佛寺與數十座佛庵，梅福禪院為較大佛庵之一，因此院門設計得較為顯著。門前有臺階平臺，門座高出院牆，用跌落式牆頭與院牆相接，門上用磚門頭作重點裝飾。門頭仿木構形式，上有屋頂，安正脊鴟吻，下有橫樑間柱，中央書寫庵名，四周飾以磚雕，黃牆灰門頭黑色大門，色彩顯而不艷，具有宗教意味。

一〇八　浙江寧波天童寺旁門

天童寺為寧波著名佛寺，現在建築為清代建，規模很大。山門為殿式，左右兩側另設旁門，門上有高出院牆的門頭，磚築造仿木構形式，有屋頂、樑枋垂花柱，上面附以雕飾。灰白牆面配以紅色大門，在一片黃色山門與院牆的環境裏顯得很醒目。

一〇九　江西婺源延村民居門頭

這種在門上加設門頭的形式被廣泛地用在南方一帶的民居建築上。雙扇大門上，用磚築門頭貼在牆面上，所以也稱為面臉，形式為仿木結構，屋脊起翹，兩端有鼇魚形鴟吻，檐下講究的還有斗栱，下設樑枋，門頭下有的設壁柱落地，有的不著地而成垂柱形式。門頭上簡單的只用幾何紋飾，複雜的有動、植物形象，甚至還附有成組的雕刻畫面。門頭皆用灰磚築造，有時壁柱用黑石砌造，門頭的講究程度視屋主人的財力而定，黑門、灰磚、白粉牆組成色彩素雅的格調。

（姜湧　繪圖）

一一〇　安徽黟縣關麓村民居門頭

一一一　江西景德鎮民居門頭

仿木構形式的磚築門頭經過實踐逐漸創造了符合自身結構特點的形式。檐下用混梟線腳代替了斗栱。梁柱框架不明顯了，不但取消了兩旁的落地柱，連垂花柱也不見了。散佈在橫枋上的成塊磚雕成了主要裝飾，整座門頭造型簡潔而明快。

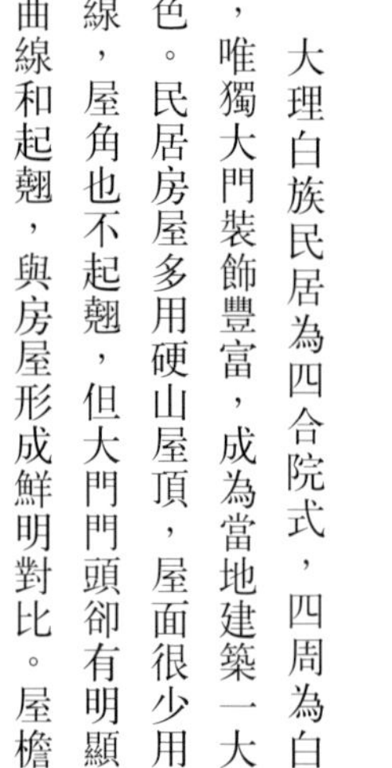

一一二　雲南大理白族民居門頭

大理白族民居為四合院式，四周為白牆，唯獨大門裝飾豐富，成為當地建築一大特色。民居房屋多用硬山屋頂，屋面很少用曲線，屋角也不起翹，但大門門頭卻有明顯的曲線和起翹，與房屋形成鮮明對比。屋檐下有複雜的斗栱層，門上枋木和掛落佈滿木雕裝飾，十分華麗。

一一三　大理民居門頭

有的講究民居門頭不用磚雕而用木雕裝飾，其內容包括動物中的龍、獅、麒麟、仙鶴、松鼠、白兔，植物中各種花果捲草，凡民間藝術中常見的裝飾題材皆可以在門頭上找到。這些木雕密集在梁枋、柱上甚至屋檐下，一片片斗栱上都雕滿花朵，再加以色彩的敷設，使門頭鮮艷奪目，成為白族建築中的藝術珍品。

一一四　江蘇蘇州網師園院門

一一五　網師園院門磚雕

一一六　網師園院門磚雕

一一七　網師園竹松承茂門頭磚雕

一一八　網師園竹松承茂門頭磚雕

蘇州網師園為江南著名園林，園中建築裝飾十分講究。在園中萬卷堂大廳的前後各有一座院門『藻躍高翔』與『竹松承茂』，這兩座門都有精緻的磚門頭作為裝飾。門頭完全仿木構形式，上有屋頂，屋脊覆瓦俱全，檐下有成排的二層出挑的斗栱，在檐檁之下加了一排掛落，門樑之上設有平座，平座之上設欄杆，下有掛落垂柱。所有這些木構形式的部件不但全部用磚製造而且還在上面雕滿了裝飾，其內容包括魚、蝙蝠、牡丹、蓮荷、菊花、蘭草、卍字、壽字、雲紋、水浪、迴紋等具有象徵意義和裝飾意味的動植物紋樣。除此之外，還在門頭中心兩側安置兩組戲曲場面的組雕。這些斗栱的尖昂頭，栱兩邊和栱墊板上的花飾，欄杆、掛落、雀替上的動植物與幾何形體即使用木雕表現也很不容易，而在這裏全部應用磚料雕琢而成，其工藝之精，技巧之高超，可以說

反映了這個地區古代工匠的最高水平。如此複雜的磚雕坐落在院門之上，周圍是白牆黛瓦，綠樹相配，不但不顯繁瑣縟重，而且更顯出其工藝裝飾之美，在園林環境中自成一景。

一一九　北京紫禁城乾清宮槅扇

乾清宮為紫禁城後宮主要大殿，為明、清兩代皇帝的寢宮和日常接見大臣處理政務的地方，它四周的門窗皆用槅扇。槅扇以扇為單位，長高形，分為上部的槅心，下部的裙板和兩者之間的槅環板幾個部份，在很高的槅扇上，上下兩頭也加設槅環板。紫禁城主要宮殿上的槅扇多用龍紋裝飾，紅底金飾，組成極華麗的外觀。

一二〇　紫禁城交泰殿槅扇局部

交泰殿亦為紫禁城後宮主要大殿，為皇帝、皇后休息與接見皇族的殿堂。槅扇的槅心部份因為古代沒有玻璃，皆用紙或魚鱗貼於窗上以防風雨，所以需要密集的窗格，此類窗格組成各式花紋成為門窗的主要裝飾，其中最高級的是三根木條組成菱花形，稱為『三交六椀菱花窗』，多在皇家宮殿上使用。在槅扇橫豎框交接處用金屬片加固以防變形，這種金屬片經加工亦成為裝飾稱為『角葉』。交泰殿槅扇的裙板、絛環板及角葉上皆用龍和鳳凰作裝飾以象徵皇帝與皇后。

一二一　紫禁城樂壽堂室內裝修

樂壽堂為寧壽宮建築群的後宮，是乾隆皇帝準備退位後居住的寢宮，室內裝修特別講究。用通攬的槅扇作隔牆，這裏的槅扇因在室內，因此槅心部份不用密集窗格而安置幾大塊裝飾面，裏面填以紙上字畫，槅扇不施彩畫而保持木料本色，整面槅扇色調素雅而又極具觀賞性。

一二二　樂壽堂槅扇槅心部份裝飾

一二三　樂壽堂槅扇裙板裝飾

清代室內裝修講究用上好硬木製作，同時又將景泰藍、金銀鑲嵌等工藝應用於裝飾以顯示裝修的富麗豪華。樂壽堂槅扇用上等硬木製作，用景泰藍的鑲嵌工藝和銅片壓模作槅心和裙板的裝飾。槅心上紅色的蝙蝠上下擁著藍色的壽字，裙板上五隻蝙蝠圍繞著中央的獸面龍紋。這種神龍、福、壽是宮殿建築裝飾中必用的內容。

一二四　北京頤和園廊屋窗

並非所有皇家建築皆用槅扇，在一些園林小建築上也採用其他形式的門窗。皇家園林頤和園的廊屋就使用檻窗，窗上用條紋作裝飾，木條組成矩形等距離地向內收聚，稱為『步步錦』花飾，生動自然，頗具園林情趣。

一二五　北京雍和宮延綏閣門窗

雍和宮雖屬皇宮一級的寺廟，但畢竟不是主要宮殿建築，所以在槅扇門窗裝飾上比紫禁城主要殿堂等級要低。槅心部份仍用三交六椀菱花格，而在裙板上用了如意迴紋，在絛環板上僅用簡單邊框作裝飾。紅底金線，總體效果仍很華麗。

一二六　雲南昆明笻竹寺大殿槅扇

笻竹寺為當地著名佛寺，相傳建於元代初期，明宣德九年（公元一四三四年）重建，現存建築大多為清代重修。大殿槅扇槅心部份是在卍字形木條外另加一層木雕，內容有動物中的獅、鹿、兔、鳳凰、仙鶴、飛鳥，植物中的松、蓮荷、牡丹、梅花等，而且有意識地將它們組成一幅幅有象徵意義的畫面。例如從右到左分別為：鳳凰牡丹象徵吉祥富貴；青松、仙鶴寓意松鶴長壽；蓮荷與鶴象徵和合美好；喜鵲、梅花寓意喜上眉梢等等。這些為普通百姓廣泛喜愛的題材被用在佛寺建築上，反映了佛教在中國的世俗化。

一二七　笻竹寺槅扇裝飾

笻竹寺幾座殿堂的槅扇裝飾各不相同，這扇槅扇槅心裝飾題材用喜鵲與蠟梅組合，寓意喜上眉梢，並配以青竹，更具清風亮節的含義。在構圖上將樹幹貫穿左右幾幅槅扇，梅花上下散佈，喜鵲有的停息樹上，有的翔飛於花竹之間，細看一幅幅槅扇自成畫面，遠觀六扇槅扇又聯成一片，形成喜鵲鬧梅的長幅畫卷。紅花白鵲綠竹，色彩亦很醒目，具有很強的裝飾效果。

一二八　雲南昆明寺廟槅扇

這裏的槅扇裝飾也很講究，六扇槅心全以龍作裝飾，左右兩扇為單龍戲珠，中間四扇為雙龍戲珠，龍身盤曲，姿態各異，金色的龍，四周配以藍色的雲紋，附在紅色卍字底面上，以暗紅槅扇框組成一幅幅雕刻畫面，排列在一起，猶如一卷龍的畫屏，十分華麗。

一二九　四川成都寺廟建築門窗

一三〇　成都寺廟建築門窗

一三一　成都寺廟建築門窗

一三二　成都寺廟建築門窗

四川成都的文殊院、寶光寺等寺廟中的建築門窗頗有地方特色。在總體形象上注意裝飾的佈局，整面開間，中央是門，兩旁為窗，分割大小不等，但注意把窗下牆與槅扇門的裙板高低大致取平，而且色彩一致，從而保持了整面牆的統一。有的寺廟建築把一開間分為三份，左右為白色實牆，中間開透空花格窗，下部為統一灰黑下檻，形成色彩與虛實的對比，起到很強的裝飾作用。在門窗細部裝飾上，都將花飾集中在上部，而且善於用幾何條紋組成各種圖案，用少量植物紋飾點綴其間。色彩上以灰黑、褐色為主，用少量黃、金暖色描繪局部，在素雅色調中起到點睛的作用。有的殿堂幾個開間的門窗在統一大小分隔的基礎上，每一扇槅心的裝飾花紋互不雷同，這種變化更使建築增添情趣。

一三三　廣東佛山祖廟殿堂槅扇

一三四　佛山祖廟殿堂槅扇

一三五　佛山祖廟殿堂槅扇

佛山祖廟的精湛裝飾不但表現在建築的屋頂、牆面、樑架等裝飾上，也同樣表現在門窗槅扇上。裝飾的內容有鳳凰、喜鵲、鴛鴦、蓮荷、梅花、牡丹、石榴等，而且把這些百姓喜聞樂見的動植物組成一幅幅喜上眉梢、和合二仙、喜得多子等有象徵意義的畫面。在構圖上十分注意主體的安排，色彩的配置，每一幅槅心板上凡動物的姿態，植物的長勢都經過仔細推敲。用金色描繪主題附在深色的卍字底板上，有的把植物花卉都用深色，祇將鳳凰、喜鵲、鴛鴦描金，使它們在暗色背景下非常鮮明突出。這種強烈的色彩配置在多陰雨的廣東地區具有更明顯的裝飾效果。

一三六　江西景德鎮祠堂建築門窗

這個地區許多祠堂建築的門窗裝修又具有另外一種形式風格。從裝飾內容看也同樣離不開民間傳統題材，寓意多福的蝙蝠，象徵四季平安、平安如意的瓶中插四季花和瓶中插如意，雙龍戲珠，八仙法器和一些戲曲中的場面等。但是在這裏，這些題材不是放在整塊槅心板上，而是將它們做成一幅幅小型雕花板，將這些或圓或方或葉面形的雕花放在槅心或絛環板上，在深色幾何條紋的底面上有規律地佈置這些金色小塊裝飾。在屋檐下，這類門窗遠望有醒目的裝飾效果，近看又有豐富的內涵。

一三七　景德鎮祠堂建築門窗

一三八　江西景德鎮華七公大宅槅扇局部

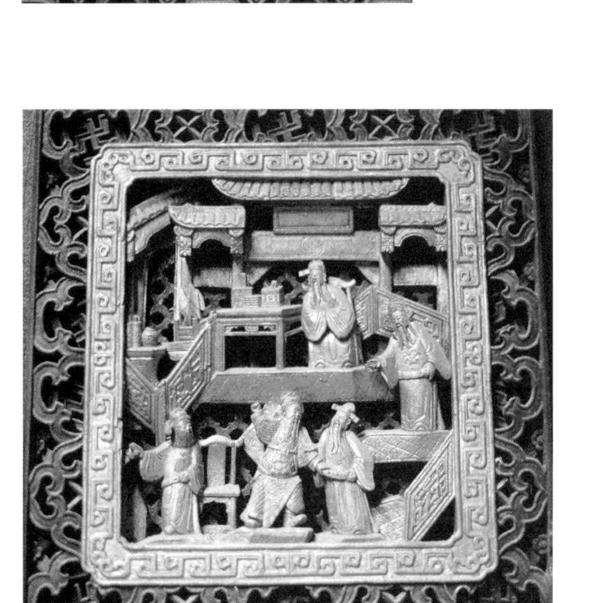

一三九　華七公大宅槅扇局部

這裏的槅扇，底子由如意紋組成，四個如意紋中央套以卍字和十字或方格紋，而且一前一後有兩層木格的厚度，組成色彩和質感都十分深厚的底紋，上面用圓形和方形成幅的金色雕刻畫面作裝飾，視覺效果很鮮明。

一四〇　福建福安樓下村民居圍屏

（李秋香　攝影）

一四一　樓下村民居圍屏局部

（李秋香　攝影）

一四二　樓下村民居圍屏局部

圍屏為槅扇形式的屏風，平時儲存不用，逢年過節、喜慶大典時立在住房前廳作屏風，具有很強的裝飾作用。一般為八扇，左右並列，槅心、裙板、上下絛環板上都佈滿雕飾，內容有人物、動物、植物及各式器皿組成畫面，而且越接近人視線的部位雕飾越複雜，內容也越多。色彩以金色為主配以深色底顯得十分絢麗。(李秋香　攝影)

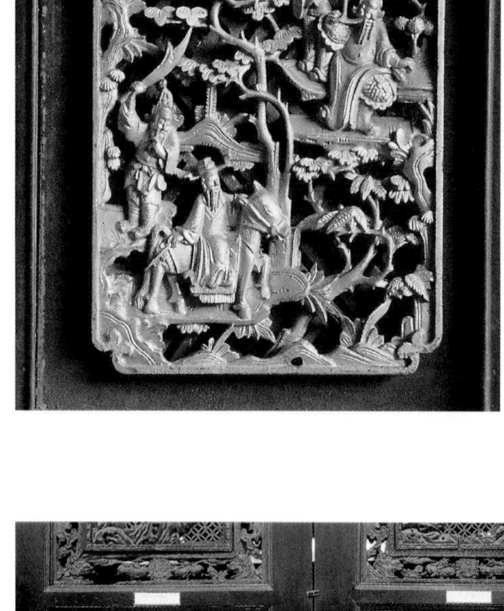

一四三　廣東廣州陳家祠廳堂槅扇裙板

一四四　陳家祠廳堂槅扇裙板

槅扇裝飾多集中在上部的槅心部份，但講究的槅扇也在下面裙板部份加裝飾。陳家祠廳堂槅扇的裙板大多附有木雕，用花草樹木，奇禽異獸，器皿擺設組成完整畫面，有的還具有象徵意義。

一四五　陳家祠刻畫玻璃窗

在玻璃上刻畫是嶺南（廣東、閩西、廣西南部）地區流傳的民間傳統工藝，在有色玻璃上用車花、磨砂、吹砂和藥水腐蝕等方法刻畫出各種花飾，將它們裝嵌在門窗扇上作裝飾。刻畫的內容多以花鳥、靜物金石為主，也有刻出山水房屋較複雜的成幅畫面的。這種玻璃畫借助於光線的明暗，尤其從室內觀賞，彷彿是透明的彩畫，具有極強的裝飾效果。

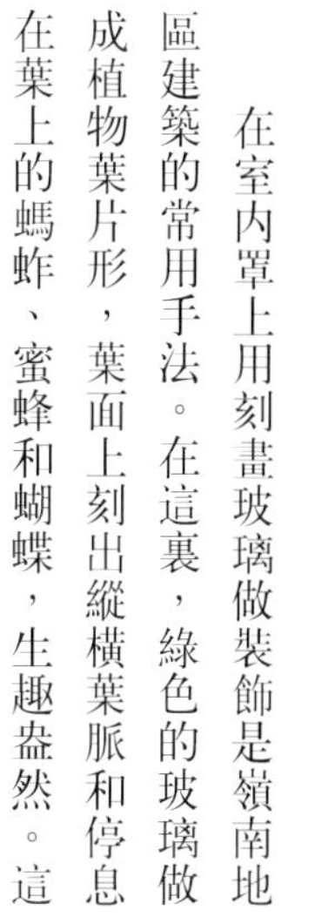

一四六　廣東民居玻璃花窗

刻畫玻璃本身外形可方可圓，也可做成其他形狀，將它們放在門窗扇上，根據門窗不同的形式，配以各種式樣的窗格組成完整的構圖。這裏的花窗是在正方形的窗框中央置放圓形玻璃畫，四邊用如意形窗條相配，並以毛玻璃作底。褐色的玻璃上刻畫出各種花籃，十二塊玻璃十二種花籃式樣，在統一中又有變化。在四周作底的毛玻璃上還刻有隱現的花紋，窗框、牆柱全呈褐色，與刻畫玻璃組成溫暖色調的整壁畫面。

一四七　廣東民居門罩上刻畫玻璃

在室內罩上用刻畫玻璃做裝飾是嶺南地區建築的常用手法。在這裏，綠色的玻璃做成植物葉片形，葉面上刻出縱橫葉脈和停息在葉上的螞蚱、蜜蜂和蝴蝶，生趣盎然。這種對自然界進行誇張的浪漫主義表現方法，給人一種清新之感。

一四八　廣東民居槅扇上刻畫玻璃

在槅扇的槅心部份用刻畫玻璃裝飾也是常見手法，一扇槅心一幅畫，植物花鳥完全用中國傳統繪畫的表現形式，不過這裏是紅底白畫替代了白底墨畫，而且還模仿水墨筆法做出由深到淺的退暈效果，使植物蟲鳥更具體積感，增加了畫面的表現力。

一四九　安徽黟縣關麓村民居窗

黟縣民居內檐裝修喜用木雕裝飾，在住宅中心堂屋兩邊的廂房上設有大面窗户，當地稱為『護淨』。窗分內外兩層，外層下設隔板，中設可以開啟的窗扇，上有花板。各部份都滿佈雕飾，有成幅的戲曲場面，有用蝙蝠、蝴蝶、花草、迴紋組成的花格。內層窗分兩扇可開啟，上半部有窗格，式樣比較簡單，下部為實板，板上有彩色繪畫。這種護淨處於堂屋兩側，面對天井，光線較亮，成為住宅內部的重點裝飾。

一五〇　福建福州民居槅扇

一五一　福州民居槅扇局部

一五二　福州民居槅扇局部

一五三　福州民居槅扇局部

福建地區建築喜用裝飾，尤以木雕裝飾用得最多，與其他地區相比較，它們的特點是花飾內容多，構圖豐滿，雕功特細。在這所規模並不大的民宅裏，並列的槅扇上用了不同形式的拐子龍紋，迴紋、雷紋、漩渦紋、席紋，用人物、器皿組成不同的畫面，用籃、鼎、瓶、盆分別放在四扇槅扇的槅心與絛環板上；再仔細觀賞這籃、鼎、瓶的形象，帶曲線的器身上還滿佈著各種獸形、植物和幾何紋樣，而且還分突起的面和平鋪的底，連籃底、鼎足也雕著細微花紋，其木雕的細緻程度如同竹編器具的紋樣，充分表現出這一地區工匠無比精湛的工藝水平。

一五四　江西婺源延村民居槅扇

這裏民居內檐裝修上的裝飾雖沒有福建地區那麼繁雜與精細，但也很講究。在這座普通民居的槅扇上，用幾幅木雕畫面安置在槅心部份，四周用迴紋相聯，上下絛環板上也有木雕裝飾

一五五　延村民居槅扇局部

一五六　延村民居槅扇局部

一五七　延村民居槅扇局部

槅扇的槅心部份佈置著幾塊成幅的木雕，外形有方有圓，內容有戲曲人物故事，有植物花鳥、盆景組成的完整畫面，這些木雕放在槅扇上可供人近視時欣賞。

一五八　北京頤和園諧趣園牆窗

諧趣園內有一段遊廊，廊一邊設牆，牆上開有不要窗扇的窗洞，既可連通廊內外空間，又成為一種裝飾。這種空窗原為江南園林中常用形式，今為模仿無錫寄暢園建造的諧趣園所移用。窗洞有方形、扇面、八角等多種形式，白牆綠柱，紅黑二色的窗框，既有南方園林情趣，又不失皇家園林風格。

一五九　江蘇蘇州留園漏窗

牆上開設漏窗是江南園林常用手法，它既能溝通院牆兩邊空間，又可觀賞裏外風景。漏窗用磚築造，窗框內拼出各式花格，黑瓦白牆，一方方灰色漏窗相列，前有湖石挺立，旁有綠樹青竹相映，窗前池水倒影，成為江南園林中奇妙的景觀。

一六〇　留園建築牆窗

一六一　江蘇蘇州獅子林建築牆窗

江南園林建築形式靈活多樣，凡廳堂亭榭，其門窗式樣也不拘一格，尤其牆上開窗，或方或圓或呈多角形，並在窗框內用花格裝飾，花格形式千變萬化，外觀則成為白粉牆上醒目裝飾，內觀則在屋外綠化背景下，各式花窗成為美麗圖案，頗有民間剪紙藝術效果。

一六二　浙江杭州靈隱寺大殿牆上窗

靈隱寺為杭州著名佛寺，現有建築建於十九世紀。大殿除中央幾開間為槅扇外，兩邊梢間為實牆，牆上各開圓形窗，窗上有灰塑裝飾，內容為神龍吐水浪，浪中有鯉魚翹首仰望，此為鯉魚跳龍門畫面，以魚跳龍門能成仙表示凡人修煉也能入佛國。

一六三　福建泉州楊阿苗宅牆窗

楊阿苗宅為富家住宅，建於清光緒年間（公元一八七五至一九〇八年），宅內外極講究裝飾。房屋從大門到廳堂，從牆面到樑架，無論在木料、石料、磚上無不進行裝飾。外牆上一扇小窗，從窗四周的壁柱、牆面到窗户本身都經過精雕細刻。先看小窗外圍：牆兩邊各有一壁柱，柱身有紅磚刻出卍字等形的突出紋樣，柱座為淺色花崗石料，柱礎為深灰石料，左右兩邊雕出魚蝦等海中景象和喜鵲紅梅的不同內容。柱上橫樑亦為深灰石料，其上雕滿鳳凰、蝙蝠、植物花朵的紋樣。柱間牆面上部用帶花紋紅磚貼面，四周用深灰石作邊，邊上排列花瓶、花朵、鳥類、文字作裝飾，下部在素色花崗石下做出條形基座，上有淺浮雕飾；小窗位于牆面上部的中心，四周有灰石邊框，窗框中立有三條石柱，上面用立雕、透雕法雕滿花卉、獸類；小小窗户，由於它位置的重要，由於它本身雕刻的不同，更由於它四周牆面的襯托使它成為視覺的中心，在這裏，小窗和外牆組成為一面精美的壁飾，極大地豐富了建築的表現力。

一六四　楊阿苗宅內牆窗

楊宅的內牆窗與外牆窗一樣，極盡裝飾之能事，在兩柱之間開設木窗，它不顧室內採光要求，四周用深色木格作邊框，中心在密集的幾何紋花格上用盛開的金色花朵勻佈在花格之上，窗户上方還有兩塊雕著花朵與青竹的花板。在這裏，窗户完全被當作一件木雕藝術品來創作了。

室內裝飾

中國古代建築的室內裝飾與建築外部的裝修同等重要，因為室內與人更接近，而且接觸的時間又長，所以在室內裝修上進行裝飾往往比室外更為細緻與精巧。室內裝飾首先注重它們的總體效果，紫禁城太和殿為專制王朝舉行國家大典的地方，在殿內也要像外部形象那樣顯示出皇權的至高無上，於是用金色盤龍和紅色的大立柱，用金色的天花藻井，在天花、樑柱上全部用和璽式彩畫，所有裝飾內容都用象徵帝王的龍紋，造成室內金碧輝煌的總體效果。但在皇帝的寢宮內部卻不是這樣，在紫禁城的樂壽堂、養心殿內部的槅扇、天花都保持木料本色，不施鮮艷強烈的彩色，以求得室內既富貴又平和的環境。在寺廟、園林的殿堂裏，也都根據建築的性質而創造出不同的室內環境效果。在這一部份，除了室內槅扇已在前面介紹過以外，著重展示各類建築室內裝飾的總體效果和室內樑架、天花、藻井等部份的裝飾。

一六五　瀋陽故宮文溯閣內景

文溯閣建於清乾隆四六年（公元一七八

一年），是專為儲存四庫全書和供皇帝讀書的殿堂。室內分上下二層，用槅扇分隔空間，槅扇、欄杆、掛落全部為硬木製作並保持木料本色，連柱上掛的對聯都是在素色底上用墨書寫文字，配上褐色家具，黃色幔帳，整個室內保持平和文靜的環境氣氛。

一六六　北京紫禁城頤樂堂內景

頤樂殿為寧壽宮建築群的後宮，供皇帝居住休息用。殿內裝修除用素色木料製成槅扇外，還有大面書寫文字的板壁作裝飾。褐色板壁上書寫白色文字，使寢宮更富有寧靜文秀的氣氛。

一六七　上海沉香閣大殿內景

大殿內供有趺坐在蓮座上的佛像和左右脅侍，屋頂方格井字天花繪有五色蓮瓣。佛頭上方為圓形藻井，井中用六層密排的小佛像作裝飾，由下往上逐層縮小直至井心，全部為金色。在天花四周還附有下垂的由佛像與植物紋樣組成的花板作裝飾，使大殿室內富麗輝煌，象徵佛教世界的繁榮與歡樂。

一六八　浙江寧波天童寺佛殿內景

天童寺為當地著名佛寺，佛殿為清代重建。大殿內部空間高曠灰暗，深紅色的柱子，柱間懸掛著幡帳、法燈，金色佛像在昏暗中閃光，使佛殿內充滿宗教的神秘氣氛。

一六九　北京牛街清真寺大殿聖龕

清真寺中不設偶像，衹在朝聖地麥加的方向設聖龕供信徒膜拜。聖龕位於殿內一端，用阿拉伯文字和植物捲草組成圖案裝飾，藍底金紋，色彩潔淨而濃重，前有層層龕罩，頗具神聖氣氛。

一七〇　雲南景洪曼孫滿佛寺內景

曼孫滿寺佛殿空間高曠，由立柱與樑枋組成框架，結構比較粗獷，主要依靠在樑柱上繪製花紋作裝飾，在紅色底子上繪以金色蓮荷、牡丹等植物花卉，在粗獷中也顯出富麗之美。

一七一　江蘇蘇州網師園萬卷堂內景

萬卷堂為網師園正廳，是主人接待賓客的廳堂。白牆黑柱黑樑架，頂上鋪有灰色磚瓦，連牆上字畫都用素色邊框和內容，匾額也用白底黑字，配以深褐色家具，盆栽綠葉植物，廳內一片淡泊色調，衹有掛燈上的紅穗起著點睛的作用，充分顯示出主人的志趣。

一七二　江蘇蘇州留園五峰仙館內景

五峰仙館為園內主要廳堂，褐色樑架，褐色的板壁與槅扇，槅心部份用淡雅的花鳥畫、字跡、鏡、鼎類文物作裝飾，樑柱上懸掛著淺褐色的匾聯，一色的硬木家具，整座廳堂充滿素雅的書香氣氛。

一七三　北京頤和園景福閣抱廈內景

景福閣是位於萬壽山東面山脊上的一座廳榭，廳內有伸出抱廈，可遠眺昆明湖景。抱廈三面臨空，柱間上有花楣，下有坐凳欄杆，抱廈頂為井字天花，樑枋上繪蘇式彩畫，畫中繪製山水植物作裝飾。廳堂柱間為步步錦花格檻窗，紅框綠格，紅柱青綠彩畫，具有園林風格的皇家建築特徵。

一七四　安徽黟縣關麓村民居內檐裝修

關麓村民居內檐裝修頗考究，大門入口臨天井一面兩旁立單扇槅扇，中安掛落，橫枋之上又設橫條花板。槅心、掛落、花板皆在迴形紋上點綴花瓶、蝙蝠、蝴蝶等作為裝飾。整面裝修不施色彩而保持原木本色，樸素中顯細巧，反映了這一地區住宅裝飾的風格。

一七五　北京紫禁城寧壽門樑架裝飾

寧壽門為寧壽宮建築群大門，五開間。樑枋天花上滿施和璽彩畫，青綠色底子上滿繪金色龍紋，在紅柱紅門的襯托下，顯出皇家建築的輝煌形象。

一七六　紫禁城倦勤齋檐廊樑架

倦勤齋為供皇帝觀戲的小殿堂，檐廊內外皆有紅色立柱，二層枋子分別用藍綠二色作底，上枋為綠色枋身，兩頭藍色邊框；下枋相反，為藍色枋身，兩頭綠色邊框；上下都繪以金色團花，色彩交替變化，在紅柱襯映下顯得十分艷麗。

一七七　瀋陽故宮崇政殿內樑架

崇政殿為主要宮殿，室內未用天花，所以在所有樑枋、檁子、椽子、望板上都施以彩畫。樑枋、檁子上用枋心、包袱不同的形式，以龍紋、花草充實其間，椽子、望板上滿繪雲紋；色彩紅、綠、藍、黃相間，雖略顯粗糙，但仍造成宮殿建築的豪華熱鬧氣氛。

一七八　瀋陽故宮大清門檐廊樑架

大清門為中路大門，其檐廊樑架頗有特點，將廊上短樑作成龍體，龍身為樑，龍頭及前爪伸向柱外，龍尾藏於門內，形象生動，造型粗獷，反映了清初時期建築裝飾特點。

一七九　江西景德鎮玉華堂門廳樑架

玉華堂為地方祠堂，堂上建築裝飾頗講究。樑枋多作成月樑形，樑身中央微微拱起，兩頭及樑底皆有木雕裝飾。上面枋子以龜背紋作底，在每一小塊龜背紋中還雕出花朵，龜背底上再貼以植物、鼎瓶等木雕裝飾。此外在樑枋之間，在樑下斗栱、柱頭上都有木雕花飾，內容以植物形象為主，使整座廳堂顯得富貴而華麗。

一八〇　浙江普陀普濟寺大殿樑架

南方地區寺廟木構架的裝飾，形象比較自由，在檐廊上用捲棚頂，南方稱為『弓形軒』，軒下樑枋作成月樑形，上下二層月樑曲度不同，上樑微拱，下樑略平，樑頭還作成曲線形，樑身上花卉、雲水隨意繪製；色彩以紅黑二色相配，以白線勾邊，簡潔而醒目，頗具地方特色。

一八一　四川成都寺廟樑架

此處檐廊也做成捲棚頂而且兩邊平彎反曲，南方稱為『一枝香軒』。軒樑身不作裝飾，樑下柱間加掛落，樑上以駝峰小斗托起小樑，稱『抱樑雲』，上雕展翅蝙蝠和流雲紋，在蝙蝠翼上再托小檁，駝峰小斗上皆繪有花紋。色彩以黑紅相間，點以金、黃二色，樑架形象生動而醒目。

一八二　福建福州民居樑架

這座民居廳堂檐廊頂呈多曲線形，稱為『菱角軒』。頂下軒樑外形平直，衹在上面繪製彩雲；上面荷包樑呈月樑形，兩端出獸頭，樑身有雕飾；軒樑上左右各有一隻卧獅蜷伏，獅身承托斗栱，獅尾上方還有一隻小鳥；斗栱兩側各有一拱形小樑支撐。小小軒樑上佈置了如此許多雕飾，色調以青綠為主，與紅白色軒樑相配，形象十分鮮明。

一八三　福建泉州民居檐廊樑架

以檐廊屋頂作成彎曲的弓形軒，軒樑呈月樑形，樑下加掛落，樑身上立二短柱，柱上支承軒棚下檁木，短柱下端成尖瓣開口騎于軒樑之上，短柱之間和左右兩側均設平枋作支撑，枋下亦有雕飾，在黑色樑柱上施以金色裝飾，整體效果簡潔而華麗。

一八四　安徽黟縣民居樑枋

黟縣較大民居均講究木雕裝飾。在堂屋正面兩邊門上均設短枋，枋兩肩下捲，枋底上凹呈月樑形，兩角有雀替相托，枋上置大坐斗承托上枋。枋身上佈雕飾，中央為一隻口啣板錢紋的蝙蝠，兩旁滿佈如意裝飾，象徵福、祿、如意。雀替、坐斗上均有拐子龍紋。深暗底子上描金色裝飾，在昏暗的堂屋面壁上起著明顯的裝飾作用。

一八五　北京明長陵祾恩殿天花

長陵祾恩殿始建於明永樂一一年（公元一四一三年），是我國現存陵墓中最大的殿堂。殿內全部立柱、樑枋皆用名貴的楠木製成，並保持原木本色而不施彩畫，唯將井字形天花用青綠色植物枝葉花卉裝飾，使大殿空間保持清雅色調，造成神聖肅穆的環境氣氛。

一八六　河北遵化普陀峪定東陵隆恩殿內景

定東陵是安葬清代慈安與慈禧二皇后的陵墓，始建于清同治一二年（公年一八七三年）。普陀峪定東陵隆恩殿是安放慈禧神主和舉行祭祀活動的殿堂，室內樑枋、天花均在褐色底子上滿繪金色龍紋。千姿百態的龍紋排列於樑枋上，使大殿空間充滿神聖而華貴氣息。這種裝飾在中國古建築中尚不多見。

一八七　北京紫禁城寧壽門天花

寧壽門屬宮殿建築重要大門，樑枋上均用和璽彩畫裝飾，室內天花用綠色支條分成井字形小方格，在每格天花板上，中央為圓形龍紋裝飾，在藍色底子上一條坐龍端坐中央，四周有如意紋作裝飾，滿堂天花金碧輝煌。

一八八　北京頤和園景福閣天花

皇家園林建築上也用井字形天花，不過在每塊天花板上都用植物花卉裝飾而不用龍紋，它們與樑枋上蘇式彩畫相配具有園林建築特點。

一八九　北京紫禁城樂壽堂天花

樂壽堂為皇帝休息的寢宮，室內保持素雅環境，樑架槅扇均不施彩畫而用原木本色，井字天花全部 用硬木製成，在每塊天花板上均有木雕裝飾，在捲草紋中有四隻蝙蝠，另一隻停在中心壽桃上，有五福捧壽的寓意。

一九〇　紫禁城古華軒天花

古華軒為寧壽宮花園中一開暢式旁軒，全部井字天花亦用硬木製作，不施彩畫而保持木料本色，在每一塊天花板上都有做功很細的植物花卉木雕裝飾。

一九一　浙江寧波保國寺大殿藻井

保國寺建於宋大中祥符六年（公元一〇一三年），殿內有藻井三座。藻井由四邊枋子抹角成八角形，在每一角上用斗栱挑出而形成圓形圈樑，圈樑上昇起八根角樑支撐上面的井心。整座藻井結構明快，造型簡潔，樑枋、斗栱上原有彩繪，現已剝落。

一九二　山西大同善化寺大雄寶殿藻井

大雄寶殿建於公元一一二八年，殿內天花在佛像上設藻井作為重點裝飾。藻井由四方形而八角形最後舉起為圓形井心，這種形式稱為斗八藻井。每一層皆由密集斗栱挑出昇起，圓形井心繪以二龍戲珠。佛殿內用龍紋裝飾說明了佛教在中國受到專制皇帝的重視和世俗化的現象。

一九三　北京紫禁城養心殿藻井

養心殿為帝后寢宮，自清雍正皇帝後也在這裏處理政務，所以殿内也設有寶座。寶座之上有藻井，亦為斗八形式，每層都有密集小斗栱過渡。在每一層每一塊形體中佈滿龍、鳳及雲紋裝飾，最上面井心上有木雕巨龍口啣鏡面寶珠。整座藻井色彩燦爛，為紫禁城宮殿大型藻井之一。

一九四　瀋陽故宮大政殿藻井

大政殿為故宮主殿，平面八角形，殿内藻井由八角形層層舉起而達圓形井心，其上有木雕龍一條端坐井頂俯視殿下。在藻井中層的八塊梯形天花板上各繪有一圓形裝飾，中央各有一不同的梵文字，四周有蓮瓣裝飾。大政殿藻井與大殿結構吻合，自然妥貼，形象渾厚華麗。

一九五　北京紫禁城千秋亭藻井

御花園千秋亭屋頂為圓形，在圓形樑上用斗栱層層挑起而組成為圓形藻井，中層二〇塊天花板上各繪有金色的雙鳳，井心上置木雕巨龍一條，龍鳳呈祥，造型渾然一體。

一九六　北京天壇祈年殿藻井

祈年殿為圓形大殿，殿內在四根大立柱上架設圈樑，樑上再立短柱和弧形小樑，其上再分別用兩層斗栱挑起昇高直至頂上井心。樑枋上用龍鳳和璽彩畫，中層天花板內用龍紋裝飾，而在井心雕有龍、鳳各一，相互盤繞。這種裝飾在別處藻井上不多見。

牆面、地面裝飾

中國古代建築因屬木結構體系，屋頂重量由木柱支承，所以屋身大部份安裝槅扇門窗，往往衹有兩頭山面為實牆，牆面裝飾相對較少。但是在各地區由於房屋材料、結構的不同，仍存在著不少磚石結構或以夯土、茅竹承重的建築，在這些建築上出現不少不同形式的牆面裝飾。

一九七　西藏拉薩布達拉宮日光殿牆面

一九八　布達拉宮日光殿牆面

西藏地區由於氣候及材料原因，建築多用磚、石、泥土築實牆，牆上門窗多有陽臺或上有屋檐挑出牆外，在欄杆、屋檐上均施裝飾，建築牆面也塗以大面積色彩。布達拉宮日光殿高踞山崗之上，牆體收分如城堡，大片白色的牆身上以棕紅色收邊，正面棕色牆體上還附加金色裝飾，在藍天襯托和強烈日光照射下，色彩濃烈而粗獷，更增添了日光殿的宏偉氣勢。

一九九　廣東佛山祖廟戲臺牆面

佛山祖廟精湛的裝飾表現在建築的各個部位上，廟內戲臺正面壁上佈滿了木雕。中心部份上面雕有『萬福臺』名，兩旁註明戲臺自清康熙、乾隆至咸豐、光緒年間多次重修重建的年月日期；其下雕有舞臺演出戲曲的整幅場面，十七位各具神態的人物，四周圍以動、植物形象；黑色板壁上施以金色紋飾，裝飾效果十分鮮明。

二〇〇　廣東廣州陳家祠前廳外東牆磚雕

二〇一　陳家祠前廳外西牆磚雕

陳家祠前廳大門兩旁外牆上設有兩塊大型磚雕，每塊長達四・八米，高二米。東牆雕的是《劉慶伏狼狗》的歷史故事，在廳堂樓臺前雕有四十多位人物；西牆表現的是《水滸傳》中梁山泊好漢匯集于聚義廳的場面。兩幅磚雕人物衆多，場面宏大，中心皆用立雕、透雕手法，四周還有雕滿牛、羊、雞、魚和人物、植物組成的邊框，雕功精細，集中表現出這個地區工匠的高超技藝。

二〇二　福建泉州楊阿苗宅壁上雕飾

楊宅天井內壁牆上有精美雕飾，在淺色的花崗石面上，四周用灰黑石料做框，上部為帶狀有戲曲情節的立雕，兩側及底部刻有文字對聯，左為『山林為伴，松桂為鄰』，右為『金石其心，芝蘭其室』，描繪出主人對建築環境和心理情感的追求。壁中心有灰石圓形雕飾，內容亦為戲曲人物。細觀察，在淺色底面石的四邊還有迴紋，四角有蝙蝠的淺雕作裝飾。一面不大的牆壁，裝飾如此之細，從總體佈局、色彩深淺配置到雕刻手法的變化都經過精心設計，妥貼而精美。

二〇三　楊阿苗宅板壁裝飾

屋檐下板壁一分為二，四周棕紅邊框，中心在黑色底面上用金線刻繪出博古架，有鼎、瓶、花籃擱置其上，植物花卉散置其中，右為富貴，左為仙禽，中心上部還各有兩塊文雕裝飾，整幅板牆古樸中顯出富麗。

二〇四　雲南大理民居牆飾

大理盛產大理石，當地建築喜用這種地方材料裝飾牆面，將具有天然紋理的石面嵌置在牆上，四周配以邊框紋飾組成完整的裝飾畫面。

二〇五　廣西民居牆面

廣西、雲南一帶，有的鄉間民居用木構框架，以竹編作牆體，工匠運用竹條的寬窄，編織的順豎橫斜組成不同紋樣，使牆體外形美觀，樸實而富有生氣。

二〇六　浙江永嘉民居牆面

永嘉楠溪江地區盛産石料，當地工匠善於運用這些石料築造房屋。石塊大小相疊，形成天然紋理，牆體上部抹以白灰，使牆面上下産生輕與重、光潔與粗糙的質感對比，帶有花格的窗洞點綴在牆體中心。民間建築的裝飾在粗獷中卻富有生氣。

二〇七　瀋陽故宮崇政殿山牆墀頭

崇政殿採用硬山屋頂，為了顯示大殿的重要，在屋頂和牆體上都用了許多琉璃構件進行裝飾。左右山牆的墀頭皆以琉璃面磚包砌，墀頭主體有突出的龍紋，四角有滿雕花飾的山柱，主體上下各有方形臺座，座上有獅子和花卉。深藍色的底，金黃色的龍和邊飾，形成色調對比，使崇政殿增添了皇家建築的豪華氣勢。

二〇八　浙江寧波天一閣大門牆頭

天一閣為著名藏書樓，建於明嘉靖年間（公元一五六一至一五六六年），建築也頗注意裝飾。大門有跌落式高出屋面的封火山牆，牆頭及牆下墀頭均用灰磚包砌，磚上滿佈雕飾，鹿、鶴、魚、植物花草、桌椅瓶罐隨意點置，每層牆頭皆不雷同，使大門倍增生氣。

二〇九　寧波民居廳堂山牆

廳堂山牆高出屋面呈跌落式，牆上以瓦覆頂，牆端墀頭用泥灰製出花紋裝飾，脊頭起翹，牆體造型端莊而秀麗。

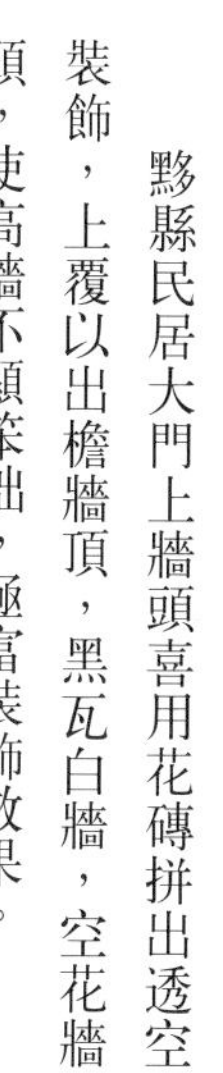

二一〇　安徽黟縣民居牆頭

黟縣民居大門上牆頭喜用花磚拼出透空裝飾，上覆以出檐牆頂，黑瓦白牆，空花牆頭，使高牆不顯笨拙，極富裝飾效果。

二一一　北京頤和園院牆牆頭裝飾

除房屋牆體外，古代建築群多有院牆相圍，在這類院牆上多有出檐牆頂覆蓋。頤和園內院牆上用琉璃瓦作頂，牆體上用面磚出線腳，上覆琉璃瓦，中央出屋脊封頂。紅牆綠出檐，成排的黃色瓦當與滴水，上面均有龍紋裝飾，小小牆頭也顯出皇家建築氣派。

二一二　上海豫園院牆頭

二一三　豫園院牆頭

上海豫園興建於明嘉靖三八年（公元一五五九年），後經清乾隆二五年（公元一七六〇年）重建。園內院牆將牆頭做成龍狀，牆頭起伏為龍身，龍頭昇起於牆頭之上，白色牆身，黑色牆頭，猶如長龍遊弋于白浪之上，十分有氣勢。

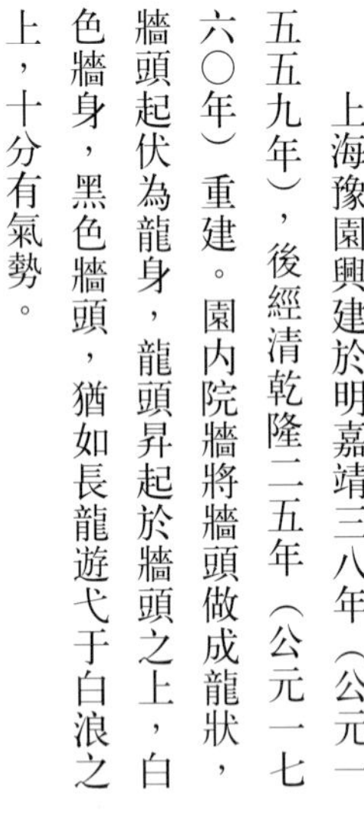

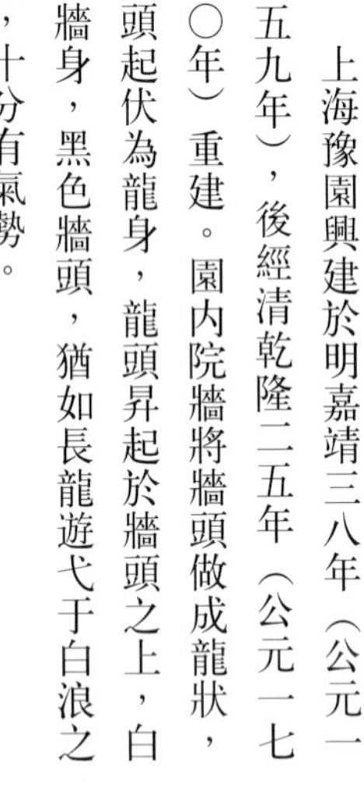

二一四　北京天寧寺塔塔身

宗教建築的塔身多帶有裝飾，天寧寺塔為遼代密檐式磚塔，塔身下基座很高，由多層須彌座組成，座上有並列壼門，壼門內有獅頭雕刻；斗栱上有平座欄杆，欄板上雕滿幾何、花卉紋樣，平座上有三層蓮瓣支承著塔身；一層塔身幾個面分別有門和窗，門窗兩側有金剛、力士像，門窗上有花格裝飾；所有這些形象皆由灰磚雕成，表現了佛教內容，又富有裝飾效果。

二一五　北京北海白塔塔身

白塔為喇嘛式佛塔，建於清順治八年（公元一六五一年）。白塔下有基座，座上為覆缽式塔身，塔身正面有壼門式眼光門，門內刻有藏文咒語，門邊有捲草紋樣，淨白的塔身，大紅金字的壼門，外有綠色邊框，強烈的色彩對比使白塔增添了表現力。

二一六　新疆吐魯番額敏寺塔塔身

額敏寺塔實際上是這座清真寺的邦克樓，呈圓筒形，全部由土坯磚築造，塔內可以直上塔頂，外部用磚砌出二十多種不同紋樣，極富表現力。

二一七　北京紫禁城御花園地面

二一八　江蘇蘇州園林地面

二一九　雲南麗江民居地面

二二〇　蘇州園林地面

中國園林、民居的室外地面也往往進行裝飾，它們用不同形狀的磚瓦，不同顏色的卵石拼砌出各種花紋。這種地面裝飾在皇家花園裏比較講究，用磚瓦細石拼出各種器皿花飾，紫禁城御花園就有四百多種不同花紋的地面。在一般園林、住宅中則較隨意，工匠有時用建造房屋剩下的殘磚碎瓦，巧妙地拼出幾何形的花紋，由於色彩、質感的不同，加上牆邊的植物，磚石縫中長出的青草和地面的殘葉，可以使路面十分美觀，生動而且自然。

臺基與石雕裝飾

中國古代的重要建築多在房屋下面設高大臺基以增添氣勢。臺基多在土築臺座外包石料，臺基四周設欄杆，有臺階通向地面。在這些臺基的座身、欄杆、臺階上幾乎都有石雕裝飾以增加臺基的藝術表現力。除臺基之外，在石塔、石幢以及日晷等石料製品上也多有石雕裝飾的表現。

二二一　北京紫禁城三臺

紫禁城前朝太和、中和、保和三大殿共處於一座臺基之上，所以稱為三臺。臺基分三層，共高八．一三米，四周圍以白石欄杆，欄杆柱頭及柱下伸出的螭首皆加以雕刻裝飾，使三臺總體顯得十分壯觀而富有表現力。

二二二　紫禁城乾清宮前欄杆望柱頭

紫禁城臺基欄杆皆石造，兩根望柱夾一塊欄板左右相連立於臺基四周，望柱頭雕有龍與雲紋，龍身盤捲柱頭，遨遊於天上雲間以象徵真龍天子皇帝的宮殿。

二二三　北京頤和園排雲殿基座臺階

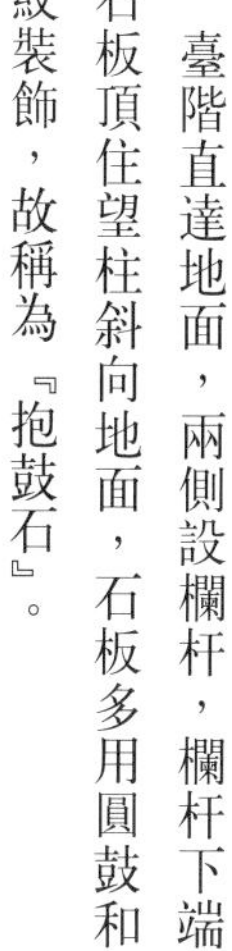

臺階直達地面，兩側設欄杆，欄杆下端用石板頂住望柱斜向地面，石板多用圓鼓和捲紋裝飾，故稱為『抱鼓石』。

二二四　頤和園佛香閣臺基

宮殿建築的臺基座多用須彌座形式，上下有枋，通過仰覆蓮瓣與中間的束腰部份相連，下枋之下還有尖角部份與地面相接。裝飾多集中在束腰部份，有捲草、綬帶與花卉紋樣，轉角有寶珠束柱相隔，仰覆蓮瓣上雕有捲紋裝飾，稱為『寶裝蓮瓣』，整座臺基造型敦實而華麗。

二二五　瀋陽福陵隆恩殿臺基

福陵為清太祖努爾哈赤陵墓，建於公元一六二九年。隆恩殿臺基上欄杆亦為望柱夾欄板，這裏的望柱上用獅子與蕉葉兩種裝飾作柱頭，欄杆雕出扶手、花板、間柱，上有透空捲草紋，帶有更多的木欄杆形式。臺基基座也用須彌座，但在上下枋和束腰上都雕滿捲草花紋，使整座臺基華麗有餘而欠敦實。

二二六　廣東廣州陳家祠臺階欄杆

陳家祠石雕裝飾用得很廣泛，在一塊欄杆上可以堆滿雕刻。柱頭是獅子，柱身和欄板上方用透雕的花草、動物紋樣，欄板中心改用暗紅石料雕出透空龍紋，這裏的欄杆猶如一件大型石雕藝術品展現室外供人觀賞。

二二七　北京紫禁城皇極殿前日晷

日晷為古代利用日光觀測時辰的器具，圓形石板供放在石臺之上，成了宮殿前的一種擺設。日晷基座從總體造型到石雕裝飾都很講究，皇極殿前的日晷基座也是須彌座式，祇不過用高形石瓶代替了束腰，以混梟曲線與上下枋相連，混梟部份有蓮瓣和龍紋裝飾，下枋之下有圭角與地面相接。經過變形的須彌座承托著日晷，成為一件獨立的雕刻石，有很好的觀賞作用。

二二八　瀋陽福陵供桌石雕

按皇陵制度，在地宮前方城明樓的前面設供桌，桌上有香爐一隻，左右有燭臺、花瓶各一座，皆為石造，稱為『五供』，表示常年供奉帝王之意。石桌為須彌座形，五供實際上是五件石雕藝術品供放在桌上成為陵墓建築系列中很重要的裝飾。

二二九　北京西黃寺清淨化城塔塔身

清淨化城石塔建於清乾隆四五年（公元一七八〇年），為紀念西藏班禪六世在北京圓寂而建造的衣冠石塔。金剛寶座形式，中央為主塔，四角有四座塔式經幢，主塔為喇嘛塔形，塔身及基座上有佛像、捲草、蓮瓣等雕飾，塔身之上有重疊相輪和金屬塔刹組成的塔頂，整體造型穩重，細部雕飾精美，使寶塔成了一座大型雕刻藝術品。

二三〇　北京碧雲寺金剛寶座塔

石塔建於清乾隆一三年（公元一七四八年），臺基座上建有多座喇嘛塔和密檐式方塔，皆為石造。方塔密檐上下有很大收分，屋角起翹，層層相疊，做功極為精緻。塔身及基座上佈滿佛像、天王、龍鳳獅象等形象的雕刻，從石塔的整體造型到細部雕刻都具有很強的裝飾美。

二三一　河北趙州陀羅尼經幢頂部

陀羅尼經幢建於北宋景祐五年（公元一〇三八年），全部石造，共七層八面形，高約一八米。經幢底三層各面均刻陀羅尼經文，以上各層用腰檐、平座相隔，層高隨塔身大小向上遞減，組成穩重的外形。平座、腰檐上滿佈雕飾，有菩薩、樂使、獅子、大象、蓮花、垂帶等形象，使經幢成為一座大型石雕藝術品。

二三二　雲南昆明大理國經幢

經幢建於大理國時期（公元九三八至一二五四年），呈八角形，高七層約六．五米，幢身底層刻有佛經，三層以上滿佈佛、菩薩、天王等雕像及垂帶、寶珠、植物花卉、樓臺房屋等裝飾，衆多雕像分佈在各層幢身、幢檐，有立雕、浮雕，大者高一米，小者僅三厘米，共約三百個，數量之多在現存古幢中當稱第一。

建築小品上的裝飾

在中國古代建築群中有一些不屬於房屋的單體，如牌樓、華表、影壁、獅子等，我們稱為建築小品。它們在建築群中各具有功能或裝飾的作用，這些建築小品本身也附有不同的裝飾。

二三三　北京頤和園後山木牌樓

牌樓是一種標誌性建築，它豎立在建築群的前面也起著建築入口的作用，所以很注意本身形象的塑造。木牌樓下有夾杆石座，幾根立柱之間有樑枋相連，上有斗栱層支托出檐屋頂，屋頂可多可少，根據牌樓大小和造型要求而定。後山牌樓位於須彌靈境建築

群之前，四柱三開間頂上有七座樓頂形式，白色基座，紅色柱子，樑枋上繪製龍錦枋心的大點金旋子彩畫，華板上有雙龍戲珠，屋頂為廡殿式，覆以黃琉璃瓦，金色滿堂，顯示出皇家建築的華貴氣勢。

二三四　頤和園花承閣木牌樓

這座木牌樓為二柱單開間，衝天柱單座屋頂形式，但上面的裝飾卻很講究。樑枋上用和璽式彩畫，金龍滿佈，連兩根衝天柱身上都畫著十條龍紋，紅柱綠頂，在陽光下金光閃閃，具有極強的裝飾效果。

二三五　上海沉香閣木牌樓局部

沉香閣佛寺前立有木牌樓一座，除石柱外皆為木結構，中央開間樑枋上附有木雕，雙獅耍繡球雕飾的上方掛著沉香閣匾。裝飾分佈有重點，木構為單一的褐紅色，黑底金字的匾額在牌樓中心顯得十分醒目，整座牌樓樸實中又顯秀美。

二三六　北京香山昭廟琉璃牌樓

二三七　北京頤和園衆香界琉璃牌樓局部

在磚築牌樓外用琉璃磚瓦鑲貼裝飾即為琉璃牌樓，形象仿木結構，用琉璃磚拼出立柱、橫樑、上有斗栱、出檐和屋頂。在這裏，這些構件都變為純粹的裝飾品，樑枋上作出彩畫式樣，華板上有雙龍戲珠，連柱身上都佈滿了植物花卉的形象。琉璃用黃、綠二色相間，配以紅牆白石基座和門券，組成十分華麗的牌樓形象。

二三八　瀋陽昭陵石牌樓

大石牌樓建於公元一六四三年，四柱三開間三樓頂形式，完全模仿木結構，立柱兩邊用石獅相背夾杆代替了夾杆石座，樑枋上佈滿龍紋和捲草、花卉的雕刻，整體造型端莊，它像一件大型雕刻坐落在陵墓入口，增添了皇陵氣勢。

二三九　北京碧雲寺石牌樓局部

牌樓亦為四柱三開間三樓頂形式，但四根立柱衝天，柱下用抱鼓石夾持，柱身雕滿雲紋，柱頭頂上有石獅，梁枋上雕著雙龍和仙鶴，在這裏，牌樓既是一座標誌性大門，又是一件石雕藝術品。

二四〇　北京天安門華表

華表也是一種標誌性建築小品，其形狀為主柱式，下有基座，上有日月板和圓形寶蓋，蓋上立有小獸，華表柱身雕有盤龍和雲紋，龍頭朝上，指向青天。天安門華表在基座外還加有四方欄杆相圍，四根望柱頭上各立著一隻小獅。華表是一件大型石雕，立於天安門前後兩側，極大地增添了皇城大門的威勢。

二四一　北京北海九龍壁局部

影壁一般位於建築大門的裏外，起屏障作用，因為它面對進出人群，所以很注意其本身形象。九龍壁是最大型的影壁，建造在宮殿建築和與皇族有關的大型建築門前。北京北海九龍壁全部用琉璃磚瓦貼面裝飾，壁上有九條巨龍盤曲飛舞於雲水之間，神態各異，色彩不同，造型十分宏偉而生動，影壁在建築群中具有很大的裝飾和觀賞作用。

二四二　北京紫禁城遵義門內影壁

遵義門為通向皇帝寢宮養心殿的大門，門內設琉璃影壁一座。影壁下為白石基座，壁身用黃琉璃磚，中心海棠形盒子內用荷葉蓮花下遊弋著一對鴛鴦作裝飾，象徵著養心殿的性質；壁身四角岔子飾以盛開花朵；壁身上頂著黃琉璃瓦的屋頂，整座影壁造型端莊，色彩華麗。

二四三　紫禁城寧壽門兩側影壁

在門兩側設影壁可增添大門的氣勢，影壁呈八字形立於大門左右。壁身上中心盒子和四岔角都以盛開花朵作裝飾，紅色牆底上配以黃花綠葉，加上有光澤的琉璃與粗牆面的對比，使影壁十分華麗。

二四四　雲南大理民居影壁

大理白族民居為四合院式，由三面房屋和一面影壁組成，稱為『三房一照壁』。影壁下有基座；壁身為一整面牆，有的還將壁身分為一大二小，有主有從的形式；壁身之上為出檐屋頂，四角起翹，曲線柔和而優美，壁身四周多繪製邊框裝飾，壁身中心有時也加裝飾，有時即為大面白牆。壁前種植花草相配，亦可形成美麗景觀。

二四五　北京紫禁城寧壽門前銅獅

獅子為獸中之王，性凶猛，所以常用在建築大門兩旁作護衛之用，雄獅在左，足接繡球，母獅在右，腳撫幼獅，張嘴呲牙，渾身肌肉起突，顯出一副凶猛的樣子。獅子在建築群中成了一種獨立的雕刻藝術品，對環境起著裝飾作用。

中國美術分類全集

中國建築藝術全集

第24卷 建築裝修與裝飾

图书在版编目（CIP）数据

中國建築藝術全集(24) 建築裝修與裝飾 / 樓慶西著. —北京：中國建築工業出版社，1999

（中國美術分類全集）

ISBN 7-112-03755-7

I. 中… II. 樓… III. 古建築－建築裝飾－建築藝術－中國－圖集 IV.TU-092

中國版本圖書館CIP數据核字 (1998) 第28922號

中國建築藝術全集編輯委員會 編

本卷主編 樓慶西

出版者 中國建築工業出版社（北京百萬莊）

責任編輯 王伯揚

總體設計 雲鶴

本卷設計 吴滌生 程勤 王晨 陳穎

印製總監 楊一貴

製版者 北京利豐雅高長城製版中心

印刷者 利豐雅高印刷（深圳）有限公司

發行者 中國建築工業出版社

一九九九年五月 第一版 第一次印刷

書號 ISBN 7-112-03755-7 / TU · 2908(9055)

（京）新登字〇三五號

國内版定價三五〇圓